Alte Uhren – neu entdeckt

Alte Uhren – neu entdeckt

Geschichte, Gang und Spiel – vorgestellt von

Meister Horst Landrock

Verlag Harri Deutsch
Thun und Frankfurt am Main

Mit 15 Farbfotos und 21 Schwarzweiß-Fotos von Ulrich Windoffer
sowie 31 Zeichnungen von Hans Schwarzberg
Gesamtgestaltung: Günther Wolff

ISBN 3 87144 657 2
Lizenzausgabe für den Verlag Harri Deutsch, Thun, 1982

Printed in the German Democratic Republic
Gesamtherstellung: Offizin Andersen Nexö, Graphischer Großbetrieb,
Leipzig III/18/38

Inhaltsverzeichnis

1.	Die räderlose Zeitmessung	7
1.1.	Das Erkennen natürlicher Zeitabschnitte	7
1.2.	Die Sonnenuhr	10
1.3.	Andere räderlose Uhren	16
2.	Die Erfindung der Räderuhr	28
3.	Die Entwicklung der Großuhren	40
3.1.	Türmer- und Turmuhren	40
3.2.	Konsoluhr, Laternenuhr und Comtoiseruhr	47
3.3.	Astronomische Uhren, Automaten- und Schauuhren	48
3.4.	Glocken und Spielwerke	71
4.	Uhren der Renaissance und des Barock	81
4.1.	Türmchenuhren der Renaissance	81
4.2.	Horizontale Tischuhren	84
4.3.	Bronze-Pendulen aus der Zeit Ludwig XIV.	86
4.4.	Cartelluhren	87
5.	Formenreichtum der Uhren im 18. und 19. Jahrhundert	89
5.1.	Reiseuhren unserer Väter	89
5.2.	Bracket Clock und Stockuhr	90
5.3.	Wiener Portaluhr, Stutzuhr, Rahmenuhr und Zappler	92
5.4.	Uhren, die durch ihr Eigengewicht angetrieben werden	94

5.5. .... Porzellan- und Majolikagehäuse 96
5.6. .... Eigenartige Uhren im Land der aufgehenden Sonne 105
5.7. .... Schwalbenschwanzuhren 109
5.8. .... Die mechanische Kanzeluhr 111
5.9. .... Nachtuhren 113
5.10. .... Uhren des Schwarzwaldes 115
5.11. .... Von der Wiener Bretteluhr zum Regulator 119
5.12. .... Die akustische Zeitvermittlung 120
6. .... Die Erfindung der tragbaren Uhr 127
7. .... Arten und Formen der tragbaren Uhr 136
7.1. .... Walzenförmige Halsuhren 136
7.2. .... Eiförmige Halsuhren 137
7.3. .... Die Zwiebel 137
7.4. .... Emailuhren 139
7.5. .... Die Marineuhr 140
7.6. .... Kuriositäten unter den Zeitmessern 150
8. .... Ein Zeitalter geht zu Ende 153
9. ...... Chronologische Übersicht zur Geschichte der Räderuhr 154
10. .... Literaturverzeichnis 160

1. Die räderlose Zeitmessung

1.1 Das Erkennen natürlicher Zeitabschnitte

Seit Milliarden von Jahren bewegt sich die Erde um die Sonne; sie dreht sich dabei gleichzeitig um ihre eigene Achse. Infolge dieser Drehung ist immer eine Erdhälfte der Sonne zugewandt, die andere Hälfte liegt im Dunkeln. Damit gab die Natur dem Menschen das erste Zeitmaß: den „lichten" Tag und die „dunkle" Nacht. Beide zusammen bezeichnete er als einen *Tag*.

Mit Staunen mögen die Urmenschen die ständige Veränderung des Mondes bemerkt haben. Bald erkannten sie die vier Phasen der Veränderung: Neumond, erstes Viertel, Vollmond und letztes Viertel. Die Zeitspanne von Neumond zu Neumond erhielt den Namen *Monat*. Es handelt sich hierbei um den sogenannten synodischen Mondmonat, dessen genaue Länge $29^{d}\ 12^{h}\ 44^{min}\ 3^{s} = 29{,}5306^{d}$ beträgt.

Die Zeitspanne *Jahr* haben die Urmenschen ebenfalls bald erkannt, war doch der Jahresablauf mit regelmäßig wiederkehrenden Regen- und Trockenzeiten bzw. mit Flußüberschwemmungen verbunden. Dagegen war es schon schwieriger, die Anzahl der Tage eines Jahres zu ermitteln. Die Sumerer, die um 7000 v. u. Z. Mesopotamien besiedelten, reihten dazu 12 Monate aneinander, die abwechselnd 29 oder 30 Tage lang waren. Sie erhielten so eine Jahreslänge von 354 Tagen. Das war noch sehr ungenau; denn das tropische bzw. Sonnenjahr hat ja $365^{d}\ 5^{h}\ 48^{min}\ 46^{s} = 365{,}2422^{d}$.

Auf Tontafeln aus der Zeit um 3000 v. u. Z. kommt schon das Wort *Stunde* vor. Es wird aber angenommen, daß der Gebrauch dieses Wortes zur Bezeichnung eines Zeitabschnittes wesentlich älter ist. Die Zeit zwischen Sonnenaufgang und Sonnenuntergang, der „lichte“ Tag, wurde in sechs, acht, zehn oder zwölf Stunden geteilt. Die Babylonier, die um 3600 v.u.Z. Mesopotamien bewohnten, bemerkten aber, daß diese Stundenzählung ungünstig war, da die Stunden dann je nach Jahreszeit unterschiedlich lang waren. Diese unterschiedlich langen Stunden werden als *Temporalstunden* bezeichnet. Die Babylonier teilten Tag und Nacht in jeweils 12 Stunden, wobei sie den Beginn der Stundenzählung vom Sonnenaufgang auf den Höchststand der Sonne, also den Mittag, verlegten. (Noch heute rechnen die Astronomen den Tag von Mittag zu Mittag.) Dadurch erreichten sie gleichlange Stunden, denn der Sonnenstand hatte nunmehr keinen Einfluß auf die Stundenlänge. Diese gleichlangen Stunden werden als *Äquinoktialstunden* oder wahre Stunden bezeichnet. Obwohl die Äquinoktialstunden viel günstiger waren, rechneten viele Völker bis in unsere Zeit mit den Temporalstunden. Vor allem waren es die Türken und Italiener, die erst relativ spät von dieser Stundenzählung abgegangen sind. So berichtete noch Goethe in einem Brief von seiner Reise nach Italien: „Es ist merkwürdig, daß man seine Uhr häufig auf die richtige Zeit einstellen muß.“

Die Babylonier übernahmen den Kalender der Sumerer. Da sie bemerkten, daß das Mondjahr um einige Tage zu kurz war, fügten sie in jeweils 3 von 8 Jahren einen Monat hinzu.

Wahrscheinlich um 2700 v.u.Z. haben die Ägypter die zweimal 12-Stunden-Einteilung von den Babyloniern übernommen. Sie gingen aber vom Mondjahr ab und setzten das Sonnenjahr mit 365 Tagen an dessen Stelle. In ihrem Kalender hatte das Jahr 12 Monate zu je 30 Tagen sowie 5 zusätzliche Tage.

Im alten China verwendete man einen Kalender, in dem jeweils 12 Jahre je 12 Monate und 7 Jahre je 13 Monate hatten. Chinesische Astronomen hatten nämlich im 6. Jahrhundert v.u.Z. festgestellt, daß 19 Sonnenjahre 235 Mondmonate enthalten, daß somit nach diesem Zeitraum die verschiedenen Mondphasen wieder auf die gleichen Tage des Sonnenjahres fallen. Die gleiche Entdeckung machte unabhängig von den Chinesen im Jahre 432 v.u.Z. der griechische Astronom Meton.

Die Römer verwendeten bis zur Zeit Cäsars wieder das Mondjahr mit 354 Tagen. Archimedes v. Syrakus (286 ... 212), ein hervorragender Mathematiker und Physiker, erkannte dessen Ungenauigkeit. 225 v. u. Z. schlug er deshalb vor, das Sonnenjahr mit 365 Tagen einzuführen und alle 4 Jahre einen Schalttag einzufügen. Dieser Vorschlag wurde im selben Jahr auch von Eratosthenes v. Kyrene (276 ... 195) vertreten.

Hipparches v. Nicäa (190 ... 125), der als der Begründer der wissenschaftlichen Astronomie angesehen wird, berechnete 150 v. u. Z. die Länge des Sonnenjahres auf $365^{d}\ 5^{h}\ 55^{min}$. Dieses Ergebnis weicht nur um rund 6 min von dem genauen Wert ab, eine erstaunliche Leistung für die damalige Zeit!

Im Jahr 46 v. u. Z. führte Julius Cäsar (100 ... 44) auf Vorschlag des ägyptischen Astronomen Sosigenes einen Sonnenkalender ein, in dem das Jahr durchschnittlich 365,25 Tage hatte. Da der Restbetrag von 0,25 Tagen in 4 Jahren auf einen vollen Tag anwächst, wurde nach jeweils 3 Jahren mit 365 Tagen ein sogenanntes Schaltjahr mit 366 Tagen eingelegt. Dieses Zählsystem wurde 325 u. Z. auf dem Konzil von Nicäa anerkannt und dem christlichen Kalender zugrunde gelegt. Allerdings ist das Jahr im Julianischen Kalender etwas zu lang. Die Abweichung zum wahren Sonnenjahr beträgt in 128 Jahren 1 Tag. 1582 wurde deshalb von Papst Gregor XIII. eine Kalenderreform durchgeführt, wonach im 400 Jahren nur 97 Schaltjahre eingeschoben werden.

Die alten Kulturvölker Lateinamerikas verwendeten recht genaue Kalender. Vom Volk der Inkas, das im Hochland der Kordilleren Perus lebte, wissen wir z. B., daß es das Jahr in 18 Monate zu je 20 Tagen aufteilte. Die zum Sonnenjahr fehlenden 5 Tage wurden als Opfertage eingefügt. Wir dürfen auch das Volk der Maya nicht vergessen, das in Mittelamerika auf der Halbinsel Yucatán lebte. Nach den Berechnungen seiner Astronomen hatte das Sonnenjahr 365,2420 Tage. Dieser Wert weicht nur um rund 20 s von der wirklichen Zeitdauer ab. Im Vergleich dazu ist die Abweichung des Julianischen Kalenders 40mal, die des von uns gegenwärtig verwendeten

Gregorianischen 1,5mal so groß. Daß 19 Sonnenjahre 235 Mondmonate enthalten, war den Mayas ebenfalls bekannt.

Da sowohl der Zeitpunkt des Jahreswechsels als auch der Beginn der Jahreszählung willkürlich festgelegt werden können, existieren bis in unsere Zeit die unterschiedlichsten Zählweisen. Die Griechen zählten die Jahre nach Olympiaden, die Römer vom Zeitpunkt der Gründung Roms im Jahr 753 v. u. Z. ab. Die Buddhisten beginnen die Jahreszählung mit dem Todesjahr Buddhas 544 v. u. Z., die Moslems mit dem Jahr 622 u. Z., in dem Mohammed von Mekka nach Medina fliehen mußte, und die Juden mit dem Jahr 3671 v. u. Z., in dem die Welt erschaffen worden sein soll. Gegenwärtig ist in den meisten Ländern der Erde die christliche Zählweise üblich, die die Jahreszählung mit dem Geburtsjahr von Jesus v. Nazareth beginnt. Sie wurde im Jahr 524 u. Z. von dem römischen Mönch Dionysius Exiguus entwickelt und verbreitete sich zusammen mit dem christlichen Glauben. 532 u. Z. wurde diese Zählweise in Rom eingeführt, im 8. Jahrhundert in Frankreich und 1699 in Rußland durch Zar Peter I.

1.2. Die Sonnenuhr

Durch großen Zufall fand man einen Papyrus aus dem Jahre 2500 v. u. Z., der für die Geschichte der Zeitmessung von großer Wichtigkeit wurde. Er enthält die Verabredung eines Liebespaares zu einem Stelldichein: „Wenn Dein Schatten 16 Fuß mißt, Berenike, erwartet Amasis Dich im Olivenhain.“ Die Zeit ist somit an der Länge des eigenen Körperschattens bestimmt worden.

Wenn wir aber die Frage stellen, wann der Mensch das erste Mal die Zeit gemessen hat, so können wir darauf keine genaue Antwort geben. Auf jeden Fall müssen wir das Rad der Geschichte acht-, zehn-, ja wahrscheinlich sogar zwölftausend Jahre zurückdrehen. Schon lange hatten damals die mit der Natur viel enger als wir verbundenen Urmenschen beobachtet, daß sich z. B. der Schatten eines freistehenden

Baumes ständig in seiner Länge veränderte: Bei Sonnenaufgang warf er einen langen Schatten, der mit steigender Sonne immer kürzer wurde. Neigte sich der Tag dem Abend zu, dann verlängerte sich der Schatten wieder.

Gnomon

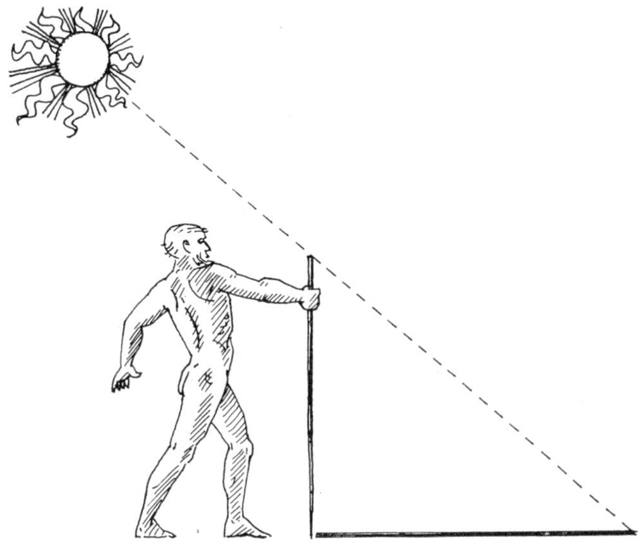

Als der Mensch nun das erste Mal einen Stab in die Erde steckte und den Zeitpunkt ermittelte, zu dem dessen Schatten am kürzesten war, legte er damit gleichzeitig das erste Mal den wahren Mittag fest und teilte den lichten Tag in einen Vormittag und einen Nachmittag. Der dazu verwendete Stab wurde *Gnomon*, später zusammen mit einer geeigneten Beobachtungsebene *Sonnenuhr* genannt und war der erste Zeitmesser, der dem Menschen zur Verfügung stand. Wir wissen heute, daß es im Altertum schon viele Völker hoher Kultur auf unserem Erdball gab, die durch Tausende von Kilometern und durch Ozeane voneinander getrennt waren. Alle diese Völker hatten bereits umfangreiche Kenntnisse in der Astronomie. Deshalb ist stark anzunehmen, daß ihnen die Zeitmessung mittels des Gnomon bekannt war. Daraus möchte ich schließen, daß der Gnomon in jener Zeit nicht von einem Menschen, sondern von mehreren Menschen aus verschiedenen Kulturvölkern erfunden wurde.

In vielen Büchern ist die Entwicklung der Zeitmessung, insbesondere die der Sonnenuhren, beschrieben worden. Daher möchte ich hier nur kurz darauf eingehen, ohne Anspruch auf Vollständigkeit zu erheben.

Schon die Sumerer benutzten Sonnenuhren, die den Schatten auf ein kreisförmiges Erdzifferblatt warfen. Das Zifferblatt hatte noch keine Zahlen in unserem Sinne, statt dessen waren keilförmige Markierungen aufgestellt, der lichte Tag war in 10 Stunden geteilt. Auch die Babylonier, die Ägypter, die Chinesen und die alten Kulturvölker Lateinamerikas verwendeten zum Messen der Zeit Sonnenuhren, mit deren Hilfe sie die Zeitdauer eines Jahres immer exakter bestimmen sowie die Zeitpunkte von Sonnenfinsternissen und anderen astronomischen Ereignissen vorausberechnen konnten.

In Ägypten wurden ab 1300 v.u.Z. mehrere Obelisken jeweils auf einem freien Platz errichtet. Diese Obelisken waren meist achtkantig mit pyramidenförmiger Spitze und dienten als Sonnenuhren. Als Stundenmarkierung wurden sogenannte Schausteine verwendet. Einen solchen Obelisken, der unter Pharao Psammetich II.

Obelisk in Ägypten

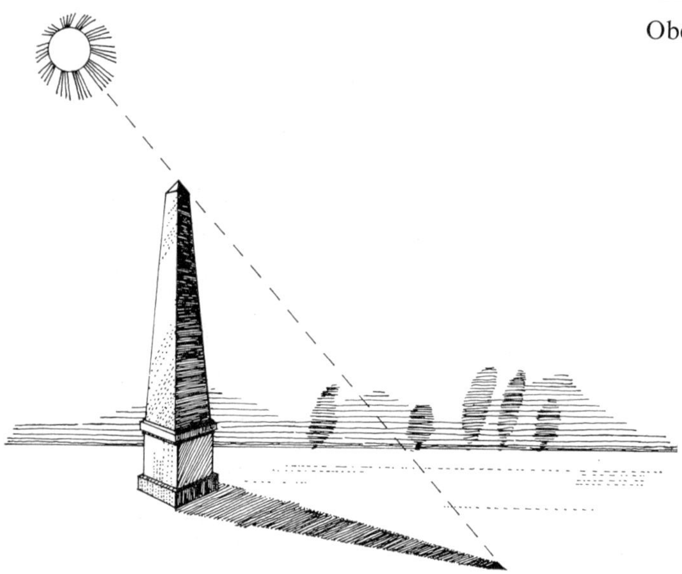

im 6. Jahrhundert v. u. Z. in Heliopolis errichtet worden war, ließ Kaiser Augustus 40 v. u. Z. nach Rom bringen. Der Transport war sehr schwierig, war doch der Obelisk aus einem Stück gefertigt, hatte eine Masse von 327 t und eine Gesamthöhe von 20 m. Zunächst wurde er auf dem Marsfeld aufgestellt. Im Jahre 1586 erhielt er dann unter Papst Sixtus V. seinen heutigen Standort auf dem Petersplatz in Rom, wo er als Flächensonnenuhr nunmehr besondere Beachtung fand.

Um 300 v. u. Z. baute der chaldäische Astronom Berosus auf der Insel Kos Sonnenuhren. Lange Zeit hielt man ihn für den Erfinder der Sonnenuhr. Diese Annahme trifft aber nur hinsichtlich der Hohl-Sonnenuhr zu.

Mit der Berechnung und dem Bau von Sonnenuhren beschäftigten sich viele große Gelehrte der damaligen Zeit. Thales v. Milet, Theodor v. Samos, Anaxagoras v. Klazomenai, Eudoxos v. Knidos, Markus Aristarch v. Samos sowie Archimedes v. Syrakus sind hier zu nennen.

In Sparta wurde 520 v. u. Z. eine große Sonnenuhr aufgestellt, die der bedeutende Philosoph und Mathematiker Anaximander v. Milet (611 ... 547) berechnet hatte.

Tragbare Sonnenuhr

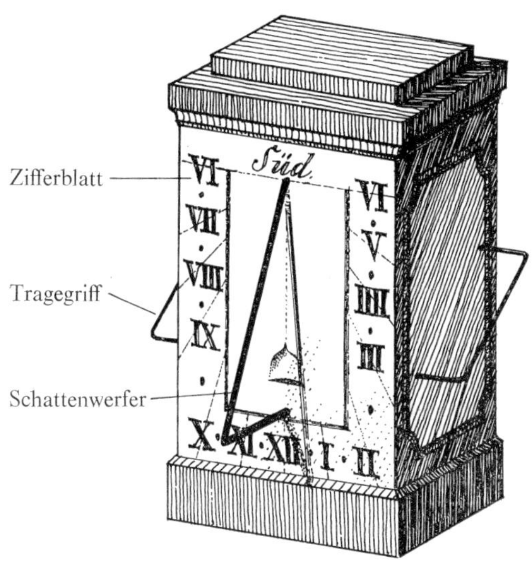

Mit dieser Uhr, deren Schattenwerfer auf den Polarstern ausgerichtet war, versuchte Anaximander, die Entfernung der Gestirne zu berechnen.

Störend war bei allen größeren Sonnenuhren, daß man keine scharfe Begrenzung des Schattens erhielt. Deshalb soll Anaximander als erster an der Spitze der als Schattenwerfer dienenden Obelisken einen kleinen Ring, das sogenannte Sonnenauge, angebracht haben. Jetzt bildete der Sonnenstrahl einen scharfen hellen Fleck am Boden und erleichterte das Ablesen der Zeit erheblich. Ein ellipsenförmiges Sonnenauge befindet sich auch im Dachgewölbe der Kirche San-Petromio in Bologna, für die Giovanni Domenico Cassini (1625 ... 1712), ein Professor der Astronomie, 1657 eine Sonnenuhr schuf. Damit war er in der Lage, auf dem Fußboden der Kirche den wahren Mittag auf 0,25 s genau zu bestimmen. Eine hervorragende Leistung! Der Meister Jean Baptiste Schwillgue (1776 ... 1856) ließ am Münster in Straßburg ebenfalls ein Sonnenauge anbringen, mit dessen Hilfe er den wahren Mittag bis auf 10 s genau bestimmen konnte.

980 u. Z. baute der Mönch Gerbert v. Aurilac (920 ... 1003), der spätere Papst Silvester II., eine Sonnenuhr, die über ein Räderwerk die Bewegung der Planeten anzeigte. Fälschlicherweise ist Gerbert als der Erfinder der mechanischen Uhr angesehen worden.

Die berühmten arabischen Astronomen Ibn Yunus und Abul Hasan al Marrâkusê befaßten sich ebenfalls mit der Berechnung und der Fertigung von Sonnenuhren nach neuen Erkenntnissen.

Im 16. Jahrhundert gab es eine große Anzahl Meister, die durch ihre Kunst und ihren Fleiß der Nachwelt herrliche Sonnenuhren hinterlassen haben. Es ist nicht möglich, alle diese Meister zu erwähnen. Ohne die Nichtgenannten benachteiligen zu wollen, seien hier deshalb nur einige genannt: die Meister Klieber, Schößler, Buschmann, Martin, Schöner und Vogler waren in Augsburg zu Hause. Auch der Münchner Schnieb, der Wiener Weltin, die Dresdner Trechsler und Peschke sowie der Salzburger Schmidt sollen noch erwähnt werden. Über alle diese Meister gibt es

Spezialliteratur. Aus diesem Grunde gehe ich nicht weiter auf ihre Werke und großen Verdienste ein.

Beim Bau der Kirche Notre Dame de Brou im Jahre 1506 ist für die Bauarbeiter eine Sonnenuhr mit einer 10 m langen Achse errichtet worden. Sie hatte keinen Schattenwerfer. Der Beobachter selbst mußte als solcher dienen. Am Boden waren die Anfangsbuchstaben der 12 Monate auf großen lackierten Bausteinen angegeben. Wer die Zeit wissen wollte, mußte sich auf einen Monatsstein stellen, wo er dann am eigenen Schatten die Zeit ablesen konnte. Leider sind die lackierten Steine durch Fahrzeuge und Passanten bald abgenutzt worden. 1756 sind deshalb neue behauene Monatssteine anstelle der alten eingelegt worden.

Nach 1800 verloren die Sonnenuhren ihre Bedeutung als Zeitmesser. Die mechanischen Uhren lösten sie ab. Trotzdem baute man Sonnenuhren weiter. Sie fanden Aufstellung in Parks und Anlagen. Auch bei der Verschönerung der Häuser ist den Baumeistern und Architekten ein reiches Betätigungsfeld für ihr Kunstschaffen geblieben.

Abschließend sei noch auf einige alte Sonnenuhren hingewiesen, die wir in der DDR bewundern können. Aus dem Jahr 1550 stammt eine Sonnenuhr in Görlitz, die der Apotheker Struve an der Außenfront seiner Apotheke von dem Astronomen Zacharias Scultetus schaffen ließ. Dieses einmalige Stück hat 2 Zifferblätter, die jeweils 3,25 m mal 1,25 m groß sind. Das westliche Zifferblatt ist ein Solarium mit 12 Tierkreiszeichen, von denen 5 in herausgehobenen Kreisen und 7 im Liniensystem selbst untergebracht sind. Die Sonnenuhr zeigt die wahre Ortszeit an. Die mittlere Ortszeit des 15. Längengrades (der durch Görlitz verläuft) und damit die wahre MEZ kann nur an 4 Tagen im Jahr abgelesen werden. Das östliche Zifferblatt, ein Arachne, soll die Stellung der Sonne zu unserem Meridian und Horizont anzeigen.

Eine recht gut erhaltene Sonnenuhr aus dem Jahre 1650 finden wir an dem alten Kirchlein in Höckendorf bei Dresden. Bei einem ehemaligen Weinberg in Dresden-

Loschwitz steht eine ebenfalls noch gut erhaltene Säulensonnenuhr aus dem Jahr 1674. Vier gut erhaltene Sonnenuhren aus dem Jahr 1688 befinden sich an der kleinen Ortskirche in Carlsfeld im Erzgebirge.

1.3. Andere räderlose Uhren

Nachts oder bei bedecktem Himmel war eine Zeitmessung mit der Sonnenuhr selbstverständlich nicht möglich. Dieser Umstand führte schon frühzeitig zur Erfindung anderer Uhrenarten, die weniger von den Witterungsbedingungen abhängig waren. Bei der Wasseruhr, der Milchuhr, der Öluhr und der Sanduhr machte man sich die Tatsache zunutze, daß die verwendete Flüssigkeit bzw. der Sand für das Ablaufen aus einem Gefäß immer dieselbe Zeit benötigen.

Die Frage, wann und wo die *Wasseruhr* erfunden wurde, konnte bis heute nicht endgültig geklärt werden. Bis um 1900 vertraten Fachleute die Ansicht, daß die Er-

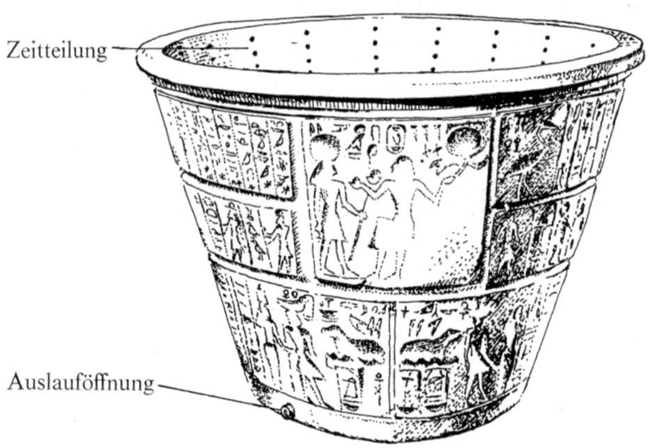

Wasseruhr

findung in unserer Zeitrechnung erfolgte. Zur allgemeinen Überraschung fanden aber Forscher bei einer Ausgrabung in Ägypten eine Wasseruhr aus der Zeit um 1400 v.u.Z. Auch in China ist die Wasseruhr vor unserer Zeitrechnung bekannt ge-

Zahnvorschneidgerät, 1730 Oben wurde die Radscheibe eingespannt. Die Markierungen auf der Teilscheibe gaben an, wo die Zahnflanken in den Radkranz geschnitten werden mußten

Schmiedeeisernes Turmuhrwerk, 1780
Scherenhemmung, Viertel- und Vollstundenschlagwerk

Schmiedeeiserne gotische Stuhluhr, 1470
Spindelhemmung mit Radwaag, 1 Zeiger, Vollstundenschlagwerk, Glocke fehlt

Turmuhr, 1750 Clementhemmung, Bronzeglockenspielwerk, Holzwalze mit Eisenstiften, 6 Melodien, Gehwerk, Viertel- und Vollstundenschlagwerk liegen hintereinander

wesen. Ja, es wird sogar vermutet, daß die Wasseruhr dort vor der Sonnenuhr bekannt war.

Wasseruhren wurden Klepsydra genannt, was soviel wie „Wasserdieb" bedeutet. Sie bestehen aus einem Gefäß, das am Boden eine Auslaufmöglichkeit hat und das mit Wasser gefüllt wurde. Die abgelaufene Wassermenge konnte am Gefäß in Stunden markiert werden. Durch Veränderung der Auslauföffnung war eine Regulierung der Uhr möglich.

Auch die Wasseruhren hatten natürlich ihre Tücken und Schwächen. Vor allem durfte nur ganz sauberes Wasser verwendet werden. Brunnenwasser, Regenwasser sowie das Schmelzwasser des Märzenschnees wurden besonders gern genommen. Das Wasser wurde gekocht und danach mehrfach durch ein Tuch geseiht. Später setzte man noch einen Schuß Branntwein hinzu. Besonders mußte darauf geachtet werden, daß das Wasser sauber blieb, damit sich an der Auslauföffnung keine Schmutzteilchen absetzen konnten.

In der Antike wurden mehrfach Wasseruhren für die Öffentlichkeit aufgestellt, damit sich die Bürger nach der Zeit richten konnten. Ab 500 v. u. Z. baute man auch Wasseruhren für den Hausgebrauch. Manche waren sehr kunstvoll gestaltet und mit Automatenwerken verbunden. Über ein Räderwerk wurde die Zeit auf einem Zifferblatt angezeigt, oder es wurde ein Weck- bzw. Stundenschlagwerk betätigt. Es gab auch Uhren, die den Stand der Gestirne anzeigten.

Eine besonders prachtvolle Wasseruhr schenkte der Kalif Harûn al-Raschid 807 u. Z. Kaiser Karl d. Großen. Sie war reich vergoldet und hatte einen besonderen Mechanismus, der zu jeder Stunde die entsprechende Anzahl von Kugeln in ein Kupferbecken fallen ließ. Mittags um 12 Uhr öffneten sich 12 Türen, aus denen je ein Ritter hoch zu Roß herausgesprengt kam.

Das gleiche Funktionsprinzip wie die Wasseruhr hat auch die *Milchuhr*. Forscher waren nicht wenig erstaunt, als sie in dem Tempel des Gottes Osiris auf einer Nilinsel 360 Gefäße fanden, die alle am Boden die gleiche Auslauföffnung hatten. Aus ebenfalls aufgefundenen Schriften konnte entnommen werden, daß es sich um Milchuhren handelte. 360 Priester mußten die Uhren versorgen und täglich ein Gefäß mit Milch füllen; denn der Auslauf dauerte 24 Stunden. Viele Fragen sind aber noch ungeklärt. Weshalb waren zur Betreuung der Milchuhren 360 Priester nötig? Mußten sich die Priester auch um die Kühe kümmern, die die Milch lieferten? Warum verwendete man überhaupt Milch anstelle von Wasser?

Unsere Ahnen ließen während der Nachtruhe eine Tran- oder Öllampe brennen, weil sie durch das Licht die bösen Geister oder den Teufel, die Herrscher der Finsternis, vertreiben wollten. Im 16. Jahrhundert hatte nun irgendein findiger Kopf bemerkt, daß man nur einen Zahlenstreifen anzubringen brauchte, um am Stand des noch vorhandenen Öles die Zeit ablesen zu können. Damit war die *Öluhr* geboren. Wahrscheinlich hat eine antike Öllampe für ihre Form Pate gestanden; denn die

Öluhr

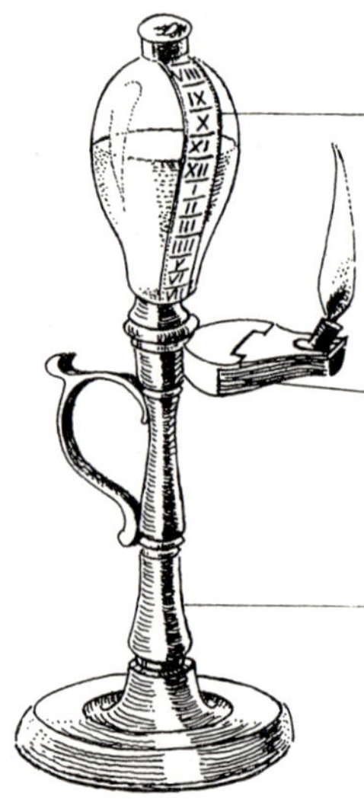

Form erfuhr in den nachfolgenden Jahrhunderten fast keine Veränderung: Auf einem tellerartigen Fuß steht ein meist verzierter Stab, der am oberen Ende einen in Zinn gefaßten Glasbehälter trägt. An dem Behälter ist balkonartig eine Ölwanne mit Dochthalter befestigt. Über dem Glasbehälter befindet sich ein senkrecht angebrachter Zinnstreifen, der mit einer Stundeneinteilung versehen ist. Die Öluhr wurde mit dunkelbraunem Rüböl gefüllt. Der Docht mußte schön kugelförmig verschnitten werden, um ein schnelles Abbrennen zu verhindern. Heute finden wir die Zeugen ehemaligen Erfindergeistes nur noch in Sammlungen und Museen, und nur wenige Besucher wissen, daß es sich bei den Öllampen um Nachtuhren unserer Ahnen handelt.

Ein weiterer Vertreter der räderlosen Zeitmesser ist die *Sanduhr*. Über ihre Herkunft ist uns nichts Genaues überliefert. Ein Rezeptbuch aus dem Jahre 1350 beschreibt die Bearbeitung und Herstellung des Sandes. Wir müssen daher annehmen, daß die Sanduhr viel früher erfunden wurde.

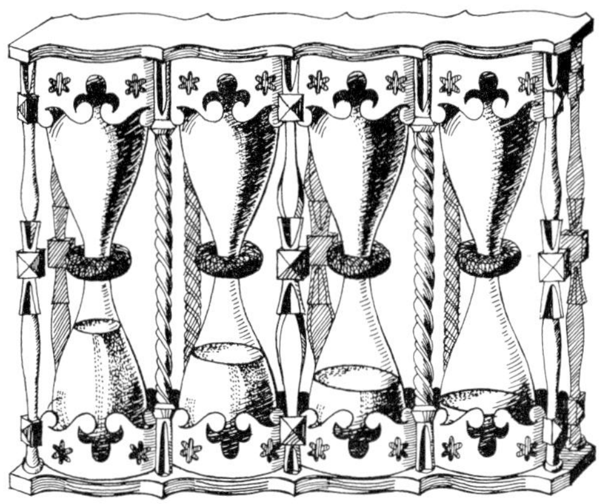

Sanduhr

Die Bearbeitung des Sandes mußte sehr sorgfältig geschehen. Umfangreiche Kenntnisse sind schon beim Aussuchen des Materials nötig. Blei- oder Zinnsand, Marmor, auch Eierschalen mußten fein pulverisiert, dann einige Zeit in Rotwein gekocht und mehrfach durch Tücher geseiht werden. Es kam darauf an, daß die Körnung schön rund war. Vorzüglich eignete sich der Sandstein aus der Sächsischen Schweiz, der diese Eigenschaft besonders besaß.

Von großer Bedeutung waren Sanduhren für Schiffe auf hoher See, war doch mit ihrer Hilfe erstmalig die Berechnung des ungefähren Standortes des Schiffes möglich.

Auch die Schiffswachen konnten mit einer Sanduhr, die eine halbe Stunde Laufzeit hatte, nunmehr gerechter eingeteilt werden. Sowohl diese Sanduhr als auch deren Laufzeit wurden in der Seemannssprache als „Glas“ bezeichnet. Jede Wache betrug 4 Stunden, also 8 Glas. Die Sanduhr beaufsichtigte der Rudersmann, der auch auf eine Glocke schlagen mußte, wenn ein Glas abgelaufen war. Der wachhabende Offizier hatte ein großes Wachglas, das 1 Stunde Laufzeit hatte. Es war das Heiligtum auf See und durfte nur vom wachhabenden Offizier bedient werden. Zum Messen der Fahrtgeschwindigkeit benutzte man ebenfalls eine kleine Sanduhr, das Loggeglas. Meistens hatte das Loggeglas eine Laufzeit von 14 s, es sind aber auch welche mit 28 s Laufzeit benutzt worden.

Verwendung fanden die Sanduhren ebenfalls in der stillen Studierstube der Mönche sowie an den Universitäten.

In vielen alten Kirchen findet man noch heute eine Sanduhr am Altar. Meistens handelt es sich um eine Viersäulenuhr. Der Geistliche mußte seine Predigt eine volle Stunde halten. Wenn er die Kanzel bestieg, drehte der Kirchendiener die Sanduhr um. Nun konnte der Geistliche die Zeit an der Sanduhr ablesen und seine Predigt danach einteilen.

Eine ungewöhnliche Verwendung der Sanduhr zeigt uns das Braunschweiger Trachtenbuch aus dem Jahre 1524: Modefexe tragen eine kleine Sanduhr an einer Beinschnalle unter dem Knie.

Noch heute finden wir Sanduhren in vielen Küchen als Eieruhr.

Als weiteres Funktionsprinzip für räderlose Uhren nutzte man die Erfahrung, daß geeignete feste oder flüssige Stoffe relativ gleichmäßig abbrennen. Mit der Kerzenuhr, der Duftuhr und der Feueruhr wurde die Zeit auf diese Weise gemessen.

Mönche waren es, die nachts Kerzen als Zeitmesser benutzten. Die Klosterbrüder waren ja verpflichtet, auch nachts die vorgeschriebenen Gebete zu verrichten. Die *Kerzenuhren* waren in der Branddauer so berechnet, daß der diensthabende Klosterbruder die Mönche zu ihren Gebetsübungen pünktlich wecken konnte.

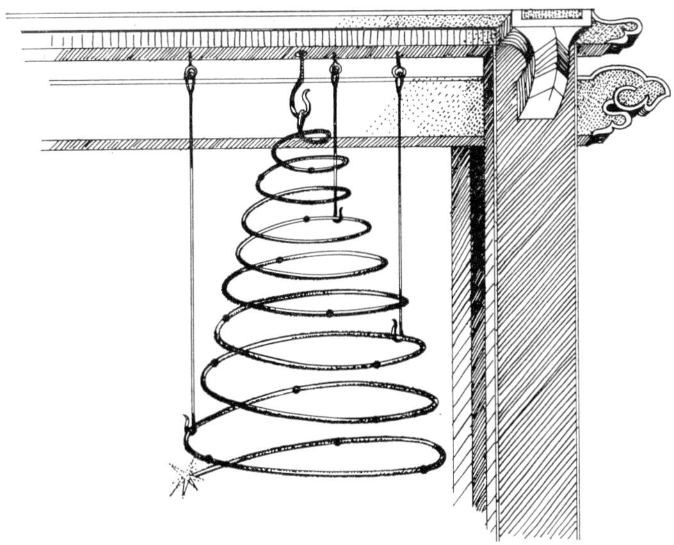

Chinesische Kerzenuhr

In China benutzte man in den Tempeln Wachskerzen zur Zeitmessung. Diese Kerzenuhren hatten spiralförmige Windungen in Form eines Kegels, der eine Höhe bis zu 1,50 m haben konnte. Die Kegelspitze befestigte man an der Decke. Um zu verhindern, daß sich der Kerzenkegel durch sein Eigengewicht in die Länge zog, hingen von der Decke eiserne Haken herab, in die man die Windungen der Kerzenuhr einhängte. Die Kerzenuhren brannten je nach Größe des Kerzenkegels 1, 10, 20, ja sogar 30 Tage. Ihr Docht erforderte eine besondere Bearbeitung. Wohlriechende Hölzer wurden zu Pulver zerstoßen, mit Öl und Wachs vermischt und mit einem netzartigen Stoff zu einer Dochtrolle geformt. Um diesen Docht goß man dann die Kerze. Da die Wachen im Tempel alle 8 Stunden abgelöst werden mußten, befanden sich in der Kerze in bestimmten Abständen Kugeln. War der Docht bis zu einer Kugel abgebrannt, fiel diese herunter in ein großes Kupferbecken und kündete das Ende einer Wache.

Auch heute noch werden in der Vorweihnachtszeit Kerzen zur Zeitmessung verwendet, auf denen 24 gleiche Abschnitte markiert sind. Diese Kerzen werden abends bis zur Markierung des nächsten Tages abgebrannt. Dadurch soll vor allem bei den Kindern die Vorfreude auf das Weihnachtsfest erhöht werden.

In den Ost- und Westgebieten Chinas wurden in den Häusern der Mandarin *Duftuhren* verwendet. Das sind Kerzen, die mit verschiedenen, wohlriechenden Duftstoffen getränkt waren. Begab man sich zur Ruhe, zündete man die Kerze an, die nun stündlich den Geruch änderte. Auf diese Weise konnte man die Stunden „riechen".

In der südchinesischen Provinz Fukien wurden in den Tempeln *Feueruhren*, auch Feuerschiffe oder Drachenuhren genannt, zur Ablösung der Wachen benutzt. Die Feueruhren waren in Form eines Drachen geschnitzt, dessen Rücken ausgehöhlt und

Chinesische Drachenuhr

mit einer Kupferschale ausgelegt war. In die Schale legte man einen Stab, der mit einem imprägnierten Stoff aus Spänen und Harz umwickelt war. Quer über die Feueruhr wurden 4 Seidenfäden gelegt, die an beiden Enden eine Metallkugel trugen. Wurde der Stab entzündet, glomm das Feuer langsam zum ersten Seidenfaden. Dieser brannte durch, die beiden Metallkugeln fielen in den darunter befindlichen

Gong und kündeten so den Ablauf von 2 Stunden. Brannte der vierte Faden durch, waren 8 Stunden vergangen, und die nächste Wache mußte ihren Dienst antreten. Die Länge der Feueruhren war verschieden. Sie variierte zwischen 40 cm und 1,50 m.

2. Die Erfindung der Räderuhr

Alle bisher bekannten Uhren konnten nur bedingt als Zeitmesser benutzt werden. Die Sonnenuhr fiel bei bedecktem Himmel und nachts vollkommen aus. In dem Glasbehälter der Sanduhr bildete sich bei Temperaturwechsel oft Kondenswasser. Der Sand wurde feucht, und es traten erhebliche Störungen auf, so daß die Sanduhr unbrauchbar wurde. Auch die sehr pflegebedürftige Wasseruhr konnte als Gebrauchsuhr nicht in Frage kommen. Daher ist die Erfindung der mechanischen Räderuhr von größter Bedeutung, wurde damit doch gleichzeitig eine der wichtigsten Grundlagen für ein ganzes wissenschaftliches Zeitalter gelegt.

Wer der hervorragende Erfinder der Räderuhr war, wissen wir leider nicht. Würden wir seinen Namen kennen, ich glaube, noch heute, in unserer Zeit, setzten wir ihm ein Denkmal. Ist es doch wohl einmalig, daß ein technisches Gerät nach 700 Jahren immer noch nach dem gleichen Konstruktionsprinzip gebaut wird. Natürlich ist die Uhr mit der Zeit technisch verbessert und in ihrer Herstellung verfeinert worden.

Es wird stark angenommen, daß die erste mechanische Uhr in England gebaut wurde. Legen wir uns die Frage vor, wer im 13. Jahrhundert ein starkes Interesse an einer guten Zeitmessung hatte, so sind hier vor allem die Klöster zu nennen. Die Mönche waren verpflichtet, auch nachts zu bestimmten Zeiten vorgeschriebene Gebetsstunden zu halten. Dazu hatte der diensthabende Klosterbruder die Aufgabe, jeden Mitbruder pünktlich zu dessen Gebetsstunde zu wecken. Die Zeit konnte er aber nur mit einer Wasseruhr oder durch das Lesen einiger Kapitel der Bibel, was nach Erfahrung eine Stunde in Anspruch nahm, ermitteln. Man kann sich leicht vorstellen, daß das bald zu Unstimmigkeiten führte. Daher ist es durchaus möglich, daß ein handwerklich besonders geschickter Mönch darüber nachgesonnen hat, wie er Abhilfe schaffen kann, um ein gerechtes und geregeltes Klosterleben zu gewährleisten.

Die Westminster Hall in London erhielt 1288 die erste nachweisbare Räderuhr. Zwar besingt schon Dante (1265 ... 1321) in seiner „Göttlichen Komödie" eine Uhr, es kann aber nicht mit Bestimmtheit gesagt werden, daß hier eine mechanische Uhr mit Hemmungsteil gemeint war. Auch darf man sich nicht täuschen lassen, wenn vor dieser Zeit in manchen Städten niedergeschrieben wurde: „Es ist eine große Uhrglocke angeschafft worden" oder: „Ein Uhrturm ist gebaut worden". Hatten doch die Türmer in den Städten schon vor 1288 unter anderem auch die Aufgabe, die Stunden zu verkünden. Bei Nacht richteten sie sich dazu nach der Wasseruhr, und am Tag benutzten sie die Sonnenuhr. War eine Stunde vorüber, wurde die Uhrzeit mit einem Hammer an die Uhrglocke geschlagen.

Wie die ersten Uhren aussahen, kann heute nicht mehr genau festgestellt werden. Einige erhaltengebliebene Uhren des 14. Jahrhunderts berechtigen uns allerdings zu der Annahme, daß sich Form und Bauart nicht sehr verändert haben:

Ein großes Rad, das als Kraftrad bezeichnet wird, greift in ein Trieb mit 8 Zähnen und übt auf dieses eine Kraft aus. Die Kraft erhält es durch das an einer Schnur hängende Gewicht. Das Trieb ist mit einem zweiten Rad mit besonders geformten Zähnen verbunden. Vor diesem sogenannten Kronenrad steht senkrecht auf einer kleinen Grundplatte eine Spindel mit 2 Lappen. Auf der verlängerten Spindelwelle befindet sich oben ein Waagebalken, der auch Waag genannt wird. Wirkt nun auf das Kraftrad durch das Gewicht eine Antriebskraft, können die Räder nicht abschnurren, da die Spindellappen bei jeder Schwingung der Waag nur einen Zahn zum Ablauf freigeben. Die Spindel hemmt also das Abschnurren des Räderwerks, der Mechanismus wird deshalb als *Spindelhemmung* bezeichnet. Das Rad vor der Spin-

Aufbau der ersten Räderuhren

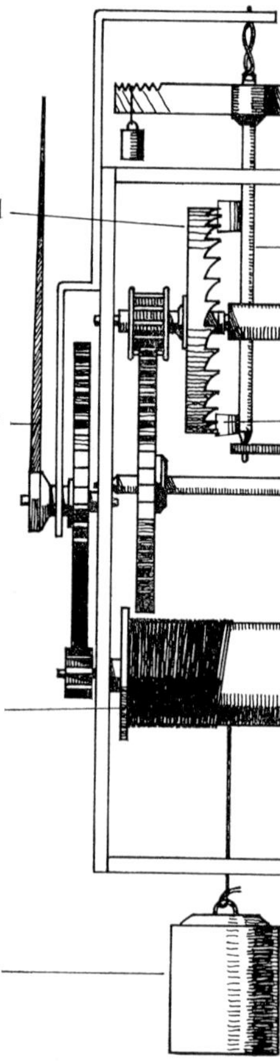

del nennt man Hemmungsrad. Die wirksame Länge des Waagebalkens bestimmt dessen Schwingungszeit. Durch Verschieben der Gewichte auf der Waag kann die Schwingungszeit verändert und die Uhr somit reguliert werden. Bei später gebauten Uhren mit Spindel-Waag-Hemmung hängt die Spindel mittels einer verdrillbaren Schlaufe an einem Galgen. Dadurch wird die axiale Reibung im unteren Spindellager vermindert; die Spindel schwingt freier.

Die ersten Uhren hatten nur einen Stundenzeiger, der am Kraftrad befestigt war.

Erfindungen wurden zu dieser Zeit nicht sehr schnell bekannt, da sich die Kunde davon vielfach nur von Mund zu Mund weiterverbreitete. Ein großes Hindernis für die Verwendung der Räderuhr bestand auch darin, daß in Stadt und Land nach der Temporalstunde gerechnet wurde. Die Äquinoktialstunde, also unsere heutige 24-Stunden-Zeit, ist in vielen Städten erst in der zweiten Hälfte des 14. Jahrhunderts eingeführt worden. Es fehlte auch an befähigten Schlossern und Schmieden, die in der Lage waren, Räder, Wellen und Werkgestelle herzustellen. Erst nach und nach kristallisierten sich gute Handwerker aus dem Schmiede- und Schlosserberuf heraus, die nur noch Uhren herstellten und reparierten. Da sie „Uhren machten", wurden sie bald als „Uhrmacher" bezeichnet.

Vor allem in den Städten alter Handwerkskunst, wie Augsburg, Nürnberg und München, gab es viele fleißige und begabte Uhrmacher. Natürlich erkannten sie sehr bald die Schwachstellen der Uhren. Als erstes begannen die Uhrmacher, die Form der Zahnräder zu verbessern. Bei den bisher gebauten Uhren war am Rad die Zahnlücke viel breiter als der Zahn selbst. Dadurch entstand bei jedem Durchlauf des Radzahnes ein merklicher Stoß auf das Räderwerk. Dieser Stoß übertrug sich bis zur Spindel mit dem Waagbalken, so daß die Waag flatterte und verschieden große

Schmiedeeisernes Zahnrad

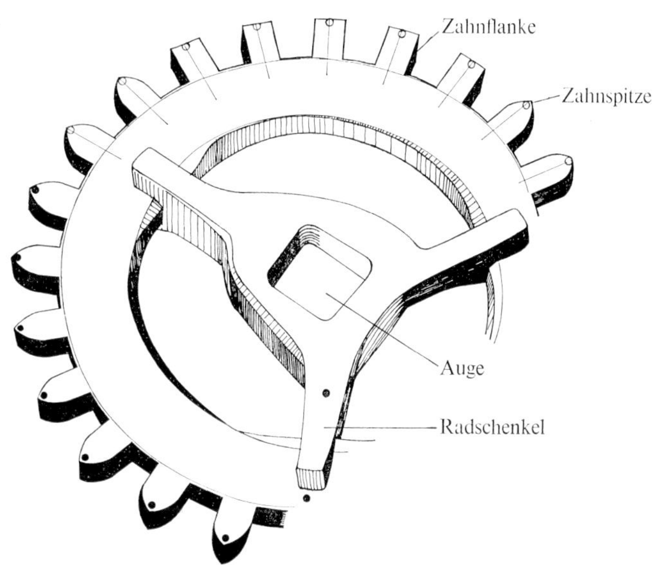

Schwingungen vollführte. Die Uhrmacher veränderten deshalb die Zahnform. Auf diese Weise konnte der frühere Stoß merklich herabgesetzt und der Schwingungsbogen der Spindel verhältnismäßig konstant gehalten werden. Schon zu dieser Zeit entstand die alte Uhrmacherweisheit, „die Regulierung einer Uhr beginnt beim Kraftrad“.

Die Anfertigung eines Rades war zeitaufwendig und erforderte eine große Sorgfalt. Erstaunlich ist, daß man dabei recht umständlich zu Werke ging; denn Radschenkel (Speichen) und Radkranz stellte man nicht in einem Arbeitsgang her. Im Mittelpunkt der Radschenkel wurde zunächst mittels eines Dorns ein Vierkantloch (das Auge) eingeschlagen. Dann schmiedete man die einzelnen Schenkel vom Auge ausgehend nach außen. Jeder Schenkel erhielt am Ende eine Art Klaue, die an einer Seite geöffnet war. Großer Wert mußte schon hier auf ein genaues Rundlaufen gelegt werden. Danach begann man mit der Anfertigung des Radkranzes. Bei der Einteilung der Zähne ging man wahrscheinlich vom wirksamen Raddurchmesser aus. Die Zahnspitzen wurden mit einem kleinen Körner markiert und die Zahnflanken mit Hilfe eines Zahnvorschneidgerätes in den Radkranz geschnitten. Anschließend wurde der Radkranz in die geöffneten Klauen der Radschenkel eingelegt und festgeschmiedet. Nochmals mußte das Rundlaufen geprüft werden; denn nun erfolgte das Anschleifen der Zahnspitzen. Da der gesamte Zahndurchmesser bewußt etwas größer gewählt wurde, war es möglich, durch Wälzen der Zähne den Eingriff vom Rad zum Trieb zu berichtigen, damit der Ablauf ohne merklichen Stoß erfolgte.

Das Jahr 1583 ist eines der bedeutendsten in der Geschichte der Zeitmesser. *Galileo Galilei* (1564 ... 1642), der berühmte italienische Astronom, Physiker und Mathematikprofessor, entdeckte den Isochronismus des Pendels. Nach einer Legende wurde er zu dieser Entdeckung durch die schwingenden Lampen im Dom zu Pisa angeregt. Galilei erkannte, daß ein Pendel unabhängig von seiner Schwingungsweite die gleiche Schwingungsdauer beibehält, die nur durch die Pendellänge bestimmt wird. Erst in hohem Alter kam er aber auf die Idee, daß die Ganggenauigkeit einer Uhr mit

Schwarzwälder Holzuhr, 1790
Spindelhemmung, Glasglockenspielwerk, 6 Melodien, Auslösung nach dem Vollstundenschlag

Pendule, 1750 Clementhemmung, Vollstundenschlag auf Silberglocke, Zungenspielwerk im Holzsockel, Auslösung nach dem Vollstundenschlag, Bronzegehäuse, feuervergoldet, Savoyen

Zungenspielwerk einer Pendule, 1750 Schneckenaufzug, spielt einfache Tonläufe

Portaluhr, 1835 Clementhemmung, Vierviertelschlag auf Tonfeder, Zungenspielwerk von Ribezschek, 2 Melodien, erklingen abwechselnd nach dem Vollstundenschlag, Prag

Pendeluhr
nach der Konstruktion Galileis

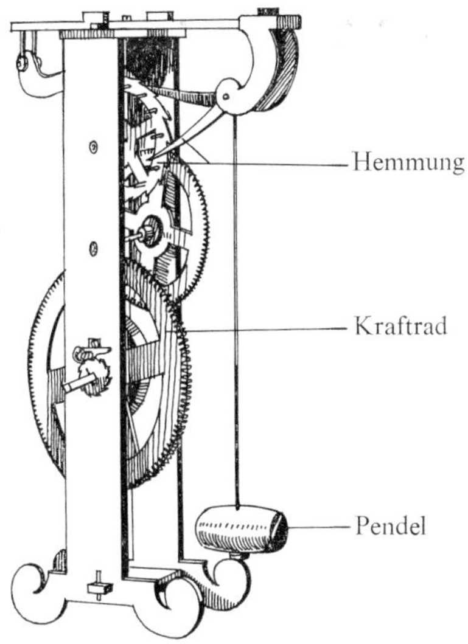

einem Pendel verbessert werden könnte. In einem Brief berichtete er seinem Freund Eulgenzio Micanzio darüber. Galilei fertigte auch eine Zeichnung für eine Uhr mit *Pendelhemmung* an. Er konnte die Uhr aber leider nicht mehr bauen, da er fast er-

Spindelhemmung
einer Großuhr

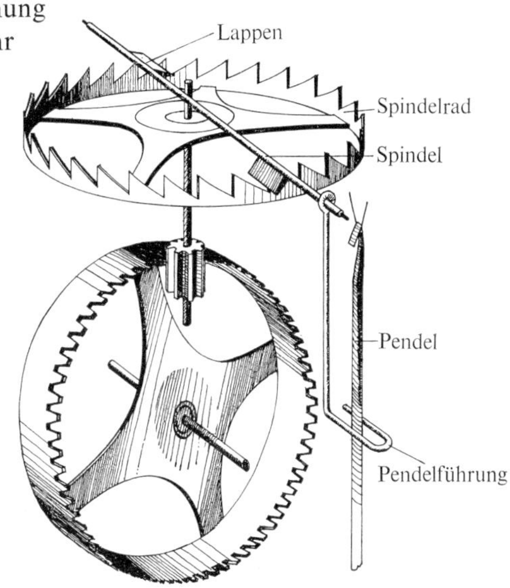

Spindelhemmung einer Taschenuhr

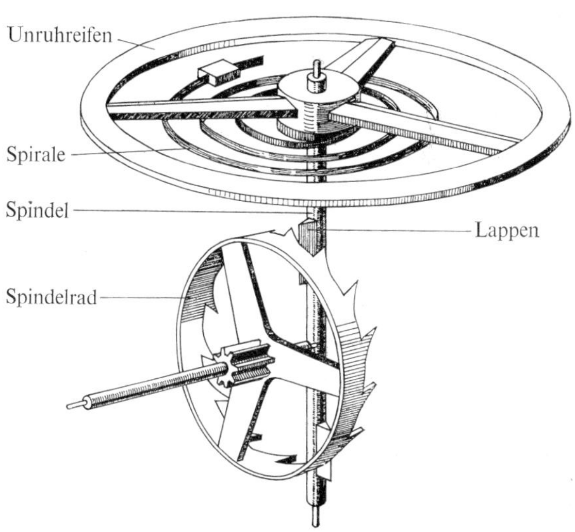

blindet war. Sein Sohn *Vincenzo Galilei* baute nach dem Tod des Vaters anhand von dessen Zeichnung zusammen mit seinen Freunden Viviani und Domenico Ballestrie diese Uhr aus Eisen; sie funktionierte aber nicht. Später wurde die Uhr dann mehrfach nach der Zeichnung Galileis nachgebaut, unter anderem von der Firma *Abeler* in Wuppertal.

Der Holländer *Christian Huygens* (1629 … 1695), ein bedeutender Physiker, Astronom und Geometer, entdeckte 1656 die Schwingungsgleichheit des Pendels nochmals. Möglicherweise hatte er von der Arbeit Galileis Kenntnis. Er führte umfangreiche Pendelversuche durch und erkannte recht bald die großen Vorteile eines Zykloidenpendels. Die erste von ihm konstruierte Pendeluhr mit Spindelhemmung, die heute im Rijksmuseum in Leiden aufbewahrt wird, baute der Meister *Salomo Coster*.

Clementhemmung

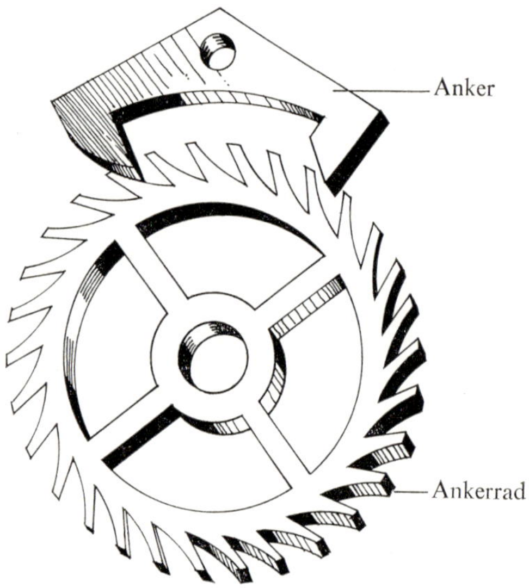

Grahamhemmung

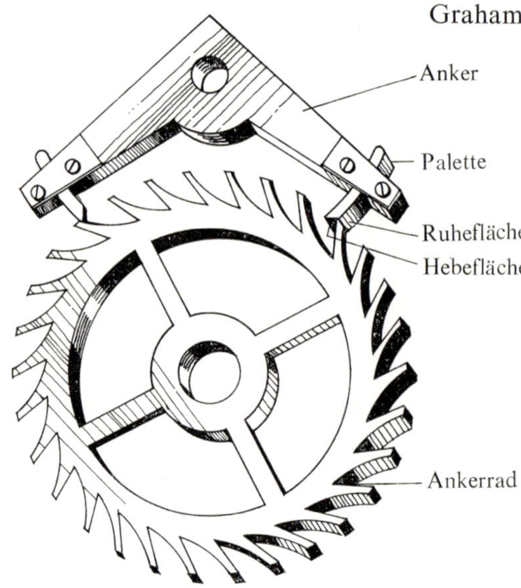

1676 erfand *William Clement* (1639 … 1704) in London die *rückführende Hakenhemmung*, die ihm zu Ehren auch *Clementhemmung* genannt wird. Wahrscheinlich hat ihm dabei Professor *Dr. Robert Hooke* (1635 … 1703) mit Rat zur Seite gestanden.

Bei der rückführenden Hakenhemmung wird die Funktion der Spindel von einem Hakenanker übernommen, der mit dem Pendel verbunden ist und bei jeder Halbschwingung des Pendels eine halbe Teilung des Hemmungsrades freigibt. Bei einer Vollschwingung des Pendels bewegt sich das Hemmungsrad also um eine ganze Teilung weiter. Kurz bevor das Pendel seinen Umkehrpunkt erreicht, wird das Hemmungsrad aber auch um einen kleinen Betrag zurückgedreht, weshalb die Hakenhemmung zu den rückführenden Hemmungen zählt. Das Pendel wurde zuerst an einem Faden frei aufgehängt. Später entwickelte Clement eine kleine stählerne Blattfeder, die sogenannte Pendelfeder, als Pendelaufhängung.

Der Londoner *George Graham* (1673 ... 1751) war zu seiner Zeit einer der hervorragendsten Meister seines Faches. Sein Name wird uns auf den folgenden Seiten noch mehrfach begegnen. Graham erkannte, daß eine Verbesserung der Ganggenauigkeit möglich war, wenn die Rückführung des Hemmungsrades vermieden werden konnte. 1710 konstruierte er deshalb einen Anker mit zwei gleichlangen Armen. In den Ankernuten sind zwei Paletten verschiebbar befestigt. Die Ruheflächen der Paletten liegen auf zwei Kreisen, deren Mittelpunkt die Ankerachse bildet. Wie bei der Clementhemmung ist der Anker mit dem Pendel fest verbunden. Erreicht das Pendel einen der beiden Umkehrpunkte, so gleitet die Palette an dem anliegenden Zahn entlang, ohne ihn zu bewegen. Diese Hemmung ist deshalb eine ruhereibende Hemmung. Zu Ehren ihres Erfinders wird sie als *Grahamhemmung* bezeichnet. Mit der Grahamhemmung lassen sich ausgezeichnete Gangleistungen erzielen, weshalb sie besonders bei Präzisionsuhren verwendet wird.

3. Die Entwicklung der Großuhren

3.1. Türmer- und Turmuhren

Die Städte hatten ein großes Interesse daran, ihren Bürgern die Zeit möglichst genau zu vermitteln. Die Anschaffung einer Räderuhr bedeutete deshalb für die Ratsherren jeder Stadt eine wichtige Entscheidung. Nach erfolgter Lieferung kam die Uhr in das Turmzimmer, das der Türmer bewohnte. Dieser hatte die Aufgabe, Ausschau nach eventuell anrückenden Feinden und nach ausbrechendem Feuer zu halten. Außerdem war er verpflichtet, zu jeder vollen Stunde an eine Glocke, die sogenannte Uhrglocke, zu schlagen. Bisher hatte sich der Türmer dabei nach einer Sonnenuhr oder einer Wasseruhr gerichtet. An der Räderuhr konnte er aber die Zeit viel genauer ablesen. Diese Uhr war einfach zu handhaben und relativ pflegeleicht. Außerdem hatte sie eine Schelle, die zu jeder vollen Stunde ertönte und den Türmer daran erinnerte, daß er an die Uhrglocke schlagen mußte. Da die ersten Uhren die Uhrglocke noch nicht selbst anschlagen konnten, wurden sie zur Unterscheidung von den Turmuhren als Türmeruhren bezeichnet.

Die *Türmeruhren* sind Gewichtsuhren, die in Flachrahmenbauweise aus Schmiedeeisen gefertigt und an die Wand gehängt wurden. Zunächst hatten sie nur zwei Räder und die Spindel mit dem Waagbalken, der über dem Werk seine Schwingungen ausführte. Das Werk war mit konischen eisernen Stiften verkeilt. Schrauben sind erst nach 1490 anzutreffen. Die Gangdauer der Uhren betrug bei einem Aufzug 8 bis 12 Stunden. Bei der Schelle handelte es sich um eine fast kugelförmige Glocke, wie wir sie noch heute mitunter an Pferdeschlitten finden.

Türmeruhr

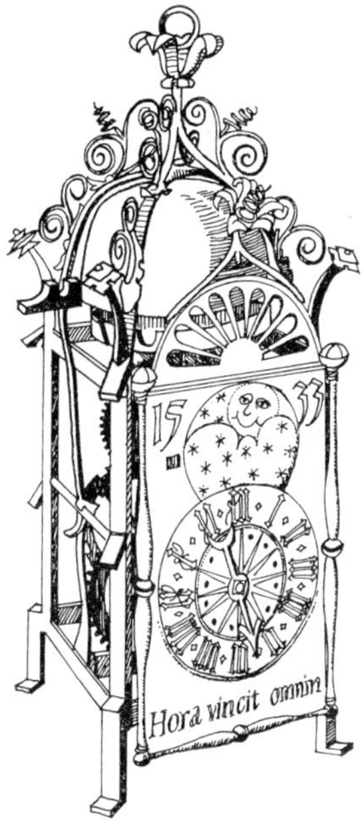

Heute noch erhaltene Türmeruhren sind von großem Seltenheitswert. Selbst schriftliche Hinweise auf diese ältesten Räderuhren findet man nicht allzu häufig. Die erste nachweisbare Räderuhr wurde 1288 in der Westminster Hall in London aufgehangen. 1306 wurde eine eiserne Schlaguhr im Turm von St. Gotthard in Mailand aufgestellt. Leider ist nicht überliefert, ob es eine Türmeruhr war, oder ob die Uhr ein Stundenschlagwerk hatte und den Schlag selbst auf die Uhrglocke ausführte. Dover-Castle in London erhielt 1348 eine mechanische eiserne Uhr, die erst 1870 erneuert wurde. Sie befindet sich heute im Science Museum in London. Im gleichen Jahr setzte man am Rathaus zu Brügge in Belgien eine Stadtuhr. Auch hier ist leider nicht genau feststellbar, ob schon ein Schlagwerk eingebaut war. Ein weiterer Zeuge alter Vergangenheit, eine gut erhaltene Uhr mit Schelle (vermutlich aus dem 15. Jahrhundert), befindet sich in der Sammlung des Mainfränkischen Museums in Würzburg. Eine ähnliche Uhr, die etwa zur gleichen Zeit gebaut wurde, besitzt Herr Triebold in Hannover. Eine Türmeruhr aus dem 15. Jahrhundert, die früher in der Turmstube der St. Sebaltuskirche in Nürnberg hing, befindet sich heute im Germanischen Nationalmuseum dieser Stadt. Ihr Zifferblatt hat einen Durchmesser von 280 mm und ist mit Tastknöpfen versehen, damit der Türmer auch im Finstern die Zeit fühlen konnte. Zu jeder vollen Stunde wird eine Schalenglocke angeschlagen.

In der Saalestadt Saalfeld finden wir im Archiv der Stadt eine Eintragung aus dem Jahr 1458, die sich auf die Türmeruhr bezieht. Unter „Instruktionen wegen des Kirchners“ steht dort, daß dieser die Kleinodien und Geräte, den Seiger und die Glocke treulich bedienen solle. Dazu gehörte das Schlagen der Stunde auf die Seigerglocke. Aus dem Jahr 1538 stammt eine weitere Eintragung: „Kurz vor Pfingsten ward das Türmlein mit der Seigerglocke, so bisher auf der Barfüßerkirche gestanden, von dannen genommen und auf das Dach des neuen Rathauses gebracht.“ Dort befindet sich das Werk noch heute. Sein Kraftrad mit der Walze ist aus Holz. An der Walze befindet sich ein Gesperr, das direkt in die Schenkel des Kraftrades eingreift. Nach gründlicher Restaurierung soll das Werk im Museum der Stadt aufgestellt werden.

Eine sehr gut erhaltene Türmeruhr aus dem Jahre 1490 besitzt das Wiener Uhrenmuseum. Zur Regulierung dieser Uhr können zwei auf der Waag befestigte Figuren verschoben werden. Eine 1500 gebaute Türmeruhr mit Schalenglocke befindet sich in der Sammlung des Landesgewerbeamtes Stuttgart, eine weitere in der von Franz Back in Lohr am Main.

Gegen Ende des 14. Jahrhunderts hatten bereits viele Städte in Europa Turmuhren. Diese Uhren waren mit einem Stundenschlagwerk versehen und konnten daher selber an die Uhrglocke schlagen.

Die *Turmuhren* lehnen sich in der Bauweise stark an die bisherigen Wanduhren an, das Werk ist nur größer und kräftiger. Man spricht von einer Rahmenbauweise. Die Gestellpfeiler aus Vierkanteisen sind nach oben und unten verlängert. Sie dienen gleichzeitig als Füße und enden oben schneckenförmig, bei später gebauten Uhren spiralförmig. Die meist hölzerne Schnurenwelle des Kraftrades hat im Vergleich zur

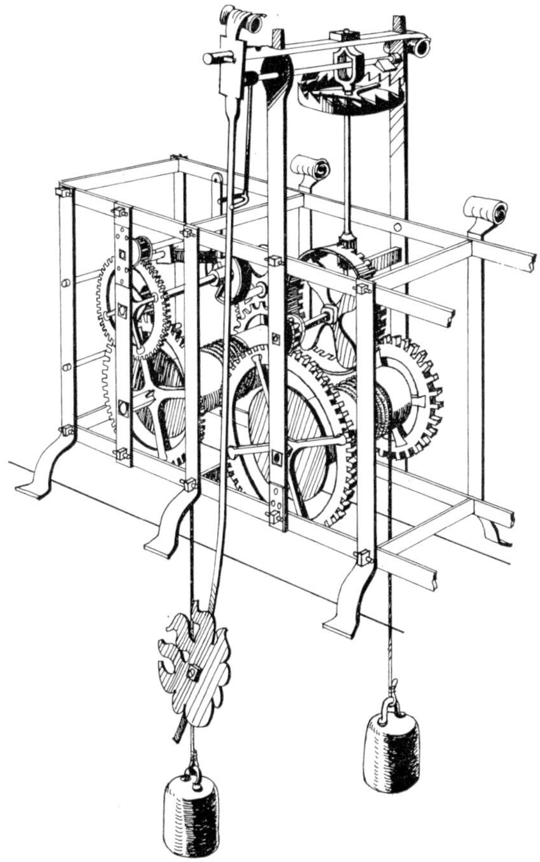

Turmuhrwerk
in Rahmenbauweise

Türmeruhr einen viel größeren Durchmesser. Damit erreichte man eine bessere Kraftübertragung vom Gewicht auf das Räderwerk.

1375 erhielt Frankfurt a.M. eine öffentliche schmiedeeiserne Schlaguhr. In Rouen, Frankreich, steht im Sturmglockenturm die wahrscheinlich älteste Turmuhr mit Viertelstundenschlagwerk aus dem Jahr 1389. Sie wurde möglicherweise von *Johann de Felains* gebaut. Der Viertelschlag war eine große technische Neuerung, da die Turmuhren bis zu dieser Zeit nur den Vollstundenschlag hatten. Die Stadt Magdeburg erhielt 1396 die erste öffentliche Schlaguhr.

Die um 1450 gebaute Turmuhr des Mönchturms der Dreifaltigkeitskirche in Görlitz schlägt seit dem Jahr 1527 sieben Minuten vor der Normalzeit. In jenem Jahr hatten Verschwörer einen Anschlag auf den Rat der Stadt vorbereitet, der mit dem zwölften Schlag der Uhr am Mönchsturm beginnen sollte. Einer der Verschwörer bekam aber Angst, stellte aus diesem Grund die Uhr sieben Minuten vor und vereitelte damit den Anschlag. Zur Erinnerung an dieses Ereignis erfolgt der Stundenschlag noch heute sieben Minuten vor der Zeit.

Die Peter-und-Paul-Kirche in Zittau erhielt 1560 die erste Turmuhr. Leider ging das kulturell wertvolle Stück 1757 verloren, als bei dem furchtbaren Bombardement durch die österreichische Artillerie im 7jährigen Krieg 80% der Stadt zerstört wurden. Erst 1790 baute der hervorragende Meister *Johann Gottfried Prasse* (1725 bis 1799) eine neue Uhr in horizontaler Bauweise. Bei dieser technisch einmaligen Uhr kann jedes Rad aus dem Werk herausgenommen werden, ohne daß das Werk zerlegt werden muß. Die Uhr schlägt $^4/_4$ und hat neben dem Vollstundenschlag noch ein Stundennachschlagwerk (Echowerk). Merkwürdig ist, daß Prasse das Werk als Einzeigerwerk baute, obwohl er die von ihm erbauten Tisch- und Bodenstanduhren immer mit dem Minutenzeiger versah. Der bekannte französische Meister *Jean André Lepaute* (1720 ... 1788), der mit Prasse in regem Briefwechsel stand, baute in Paris eine ähnliche horizontale Turmuhr, die im ersten Weltkrieg verloren ging.

1562 erhielt die Stadt Bamberg eine besonders große, massive Turmuhr mit $^4/_4$-Schlagwerk.

Der Schweizer Astronom, Mathematiker und Mechaniker *Jost Bürgi* (1552 bis 1632) baute zunächst in Kassel Uhren, bei deren Konstruktion er völlig neue Wege beschritt. Die bislang senkrecht stehende Spindel ordnete er horizontal zum Werk an. Den vorderen Lagerzapfen der Spindel verlängerte er bis vor das Zifferblatt und befestigte daran statt der Waag ein Gegenschwungpendel. Damit erzielte er eine recht gute Regulierung. Später baute Bürgi in Prag Uhren mit Kreuzschlagarmen, wobei er das bisher übliche Kronenrad durch ein flaches Hemmungsrad ersetzte. Originale Kreuzschlagarmuhren von der Hand des Meisters befinden sich in Museen in Wien,

Kassel, Kopenhagen und im Staatlichen Mathematisch-Physikalischen Salon in Dresden.

Der Spasskiturm in Moskau erhielt 1621 eine neue Uhr, die ein englischer Meister erbaute. Da ihre Ganggenauigkeit sehr unbefriedigend war, ließ sie Zar Peter I. im Jahr 1706 durch eine in Amsterdam hergestellte Uhr ersetzen. Diese Uhr blieb 1812 während des großen Brandes von Moskau stehen, bei dem auch der Kreml und der Spasskiturm großen Schaden erlitten. Geschickte russische Meister konnten sie jedoch wieder restaurieren. Das Werk der Uhr ist in mehreren Etagen des Spasskiturms untergebracht. Ihre Zifferblätter haben einen Durchmesser von 6,00 m.

Der Rathausturm von Cottbus erhielt 1650 eine neue Uhr, deren Werk bis 1699 von den Uhrmachern der Stadt betreut wurde. Die Stadt zahlte dafür einen Jahreslohn von 10 Talern, 6 Groschen und 2 Scheffeln Brotkorn. 1700 ist die Betreuung der Uhr dem Gerichtsdiener übertragen worden. Als dieser nun eines Tages wegen einer Verfehlung in das Stockhaus gesperrt wurde, weigerten sich die Uhrmacher, die Betreuung der Uhr wieder zu übernehmen. Da Gerichtsdiener, Marktmeister und Scharfrichter allgemein als unehrlich galten, war die Uhr nach Ansicht der Uhrmacher „unehrlich" geworden. Der hochwohlweise Rat der Stadt stand vor einem schwierigen Problem. Nach langer Beratung wurde der Beschluß gefaßt, daß ein Ratsherr den Turm besteigen solle, um eigenhändig die Uhr aufzuziehen. Auf diese Weise wurde die Uhr wieder „ehrlich" gemacht. Daraus können wir entnehmen, daß eine Uhr auch damals schon manche großen Probleme brachte.

Nach 1680 wurde neben dem Stundenzeiger immer häufiger noch ein zweiter Zeiger, der Minutenzeiger, angebracht. Er war erstmals um die Mitte des 16. Jahrhunderts aufgetaucht. Ab 1700 versah man fast alle Uhren mit dem Minutenzeiger.

Auf einige besonders große Turmuhren möchte ich noch hinweisen:

Ein massiv gebautes Turmuhrwerk aus dem Jahr 1760 steht im Uhrenmuseum in Wien. Die Werkbreite beträgt 2,65 m, der Abstand zwischen den Werkplatten 0,75 m. Das Werk ist noch verkeilt und mit einem Clementanker ausgerüstet. Das

Pendel ist 6,50 m lang und benötigt für jede Schwingung 2,5 Sekunden. Die Uhr muß täglich aufgezogen werden.

Der Michaelisturm in Hamburg erhielt 1811 eine große Turmuhr, die lange Zeit die größte Uhr der Welt war. Sie wurde in der Turmuhrfabrik *Ungerer* in Straßburg erbaut und hat Vierviertel- und Vollstundenschlagwerk sowie ein Stundennachschlagwerk (Echowerk). Das Zifferblatt hat einen Durchmesser von 7,80 m. Die Gesamtlänge des Minutenzeigers mit dem Gewichtsausgleich beträgt 4,90 m. Ein Zeigerpaar wiegt 150 kg.

Für den Turm des Londoner Parlamentsgebäudes konstruierte Baron *Grimthorpe* in London die berühmt gewordene Big-Ben-Uhr mit ihrem $^4/_4$-Westminsterschlag. Diese Uhr wurde 1859 gebaut und galt lange als der genaueste öffentliche Zeitmesser. Die tägliche Abweichung beträgt nur $^1/_{10}$ s. Die Pendellinse hat das stattliche Gewicht von 310 kg. Der Durchmesser des Zifferblattes beträgt fast 7,00 m und das Gewicht allein des Minutenzeigers 28 kg. Das Aufziehen der Uhr bewältigt heute ein elektrischer Aufzug in 40 Minuten. Früher mußten dazu 2 Männer 5 Stunden lang Schwerstarbeit verrichten.

Auch in den USA sind einige Riesenuhren aufgestellt worden. 1905 erbaute die Firma *E. Howard Clock u. Co.* eine Uhr für die Stadt Lawrence im Staat Massachusetts. Der Zifferblattdurchmesser dieser Uhr beträgt 6,70 m. Beide Zeiger sind aus Michigan-Fichtenholz hergestellt, das sich hierbei glänzend bewährt hat. Das Pendel ist bei einer Länge von 4,50 m ein Zweisekundenschwinger. Das Gewicht der Pendellinse beträgt 100 kg.

Am Royal-Liver-Society-Building in Liverpool zeigt eine Riesenuhr aus dem Jahr 1908 die Zeit an. Die Zifferblätter haben einen Durchmesser von 7,50 m und wurden von der Firma *Gent u. Co.* in Leicester angefertigt. Nach Fertigstellung der Zifferblätter gab der Direktor des Unternehmens in einer Werkhalle seinen Mitarbeitern ein Essen. Dabei diente ein Zifferblatt als Tisch, an welchem vierzig Tischgäste bequem Platz fanden.

3.2. Konsoluhr, Laternenuhr und Comtoiseruhr

Im 15. Jahrhundert fanden verschiedene Formen der mechanischen Uhr eine immer größere Verbreitung. Auch aus dem Haushalt reicher Bürgerfamilien waren Uhren bald nicht mehr wegzudenken. Man stellte die mit einem Gewicht betriebenen Uhren auf eine Holzkonsole, die in vielen Landesteilen auch als Stuhl bezeichnet wird. Dieser Uhrentyp heißt daher *Konsoluhr* bzw. *Stuhluhr*. Eine prachtvolle gotische Konsoluhr, die 1470 in Süddeutschland gebaut wurde, befindet sich in meiner eigenen Sammlung. Der Erbauer dieser Uhr beherrschte nicht nur die Fertigung mechanischer Uhren meisterhaft, er hatte darüber hinaus umfangreiche Kenntnisse in der gotischen Architektur, die er bei der Gestaltung des Gehäuses anwendete. Die herrlich geformten Pfeiler der Uhr mit der vergoldeten Krone erinnern an eine gotische Kirche mit ihren zum Kreuzblütengewölbe emporstrebenden Pfeilern. Bedingt durch das vorstehende Zifferblatt liegt der Schwerpunkt der Uhr sehr weit vorn. Um den Eindruck zu vermeiden, daß sie nach vorn kippen könnte, verlegte der Meister zwei Teile des Schlagwerkes über die Rückseite der Uhr hinaus und stellte somit auch die Harmonie in der gotischen Gestaltung des Gehäuses wieder her. Leider ist in den über 500 Jahren, die seit dem Bau dieser Uhr vergangen sind, die Glocke abhanden gekommen.

In der Stadt Winterthur in der Schweiz stellte die berühmte Uhrmacherfamilie *Liechti* herrliche Konsoluhren her. Diese Uhren sind im Prismentypus freier gestaltet. Ein Blatt- und Rankenornament mündet über dem Glockenstuhl meistens in einen Blütenkelch, an dem ein Tragbügel befestigt ist. Die Zifferblattseite ist vollkommen geschlossen, so daß die freien Flächen der Vorderfront von Künstlern prächtig bemalt werden konnten. Mehrere Arbeiten der Familie Liechti befinden sich heute in den Uhrenmuseen in Winterthur und in Furtwangen.

In England, später zum Teil auch in Frankreich und Holland, wurde die sogenannte *Laternenuhr* gebaut. Da diese Uhrenart hauptsächlich in Prismenbauweise hergestellt wurde, möchte ich sie hier einreihen. Wir treffen diese Art ab 1590 als Konsoluhr, später als Tischuhr mit Federzug. Geh- und Schlagwerk sind noch hintereinander angeordnet. Etwa ab 1650 stellte man Geh- und Schlagwerk nebeneinander. Die Laternenuhr hat eine Bronzeglocke, die ohne jedes Beiwerk über dem Gehäuse angebracht ist. Um eine Verschmutzung der Uhr zu verhindern, hat sie eine geschlossene Rückwand sowie zwei Seitentüren, die meistens aus Messing sind. Das bisher übliche Schnurenrad wurde durch das viel sicherere Kettenrad ersetzt, über das hier die Gewichtskette läuft. Bis zum Jahr 1670 wurde die Laternenuhr mit Spindelhemmung und Waag versehen. Der Zeiger war vorwiegend aus Bronzeguß.

Im französischen Jura wurde etwa seit 1600 die *Comtoiser*- bzw. *Burgunderuhr* gebaut. Sie wurde in den Orten Morbier und Morez als Konsol- und als Bodenstanduhr hergestellt. Neben der Bogenbekrönung am Zifferblatt sind meistens zwei gedrehte Messingzapfen aufgestellt. Die aus Eisen gefertigten Werke haben Spindelhemmung mit Waag. Später gebaute Comtoiseruhren sind mit einem langen Pendel versehen, dessen Linse sehr oft in Harfenform gestaltet ist. Meistens schwingt das Pendel zwischen Zifferblatt und Zeigerwerk.

3.3. Astronomische Uhren, Automaten- und Schauuhren

Ich möchte nochmals an die Wasseruhr erinnern, die Kaiser Karl d. Große geschenkt bekam. Diese Uhr zeigte nicht nur die Zeit an, sondern setzte auch zu bestimmten Zeiten über ein mechanisches Räderwerk verschiedene Figuren in Bewegung. Weit vor der Erfindung der mechanischen Räderuhr sind also schon Figurenautomaten gebaut worden. Sie wurden meist von kleinen Wasser- oder Windmühlen angetrieben, die man im Freien aufstellte.

Professor *Jacopo Dondi* (1268 … 1360), ein zu seiner Zeit berühmter Astronom, baute 1344 in Padua für den dortigen Palast eine astronomische Uhr mit Stundenschlag. Diese Schauuhr dürfte wohl die erste gewesen sein, von der man nicht nur die Zeit, sondern über ein Kalendarium auch die Stellung des Mondes ablesen konnte. Damit löste Dondi den Gedanken aus, Uhren mit astronomischen Anzeigen und Figurenwerken zu bauen.

Sein Sohn, *Giovanni Johannes Dondi* (1318 ... 1389), verbesserte die Palastuhr des Vaters. 1364 baute er auch selbst eine großartige astronomische Schauuhr in gotischem Stil, die mit über 200 Rädern ausgerüstet war. Diese Bodenstanduhr war siebeneckig, hatte eine Höhe von etwa 1,60 m und eine Breite von etwa 0,70 m. Auf sechs Seitenflächen konnte der Betrachter an einer kleinen Scheibe den Stand und die Bewegung jeweils eines anderen Planeten verfolgen. Die siebente Seitenfläche war dem Uhrzifferblatt mit einem Kalendarium vorbehalten. Über der Uhr drehte sich eine Radwaag, die an der über das Werk hinaus verlängerten Spindel befestigt war. Zur Regulierung der Uhr hatte die Radwaag 11 verschiebbare Rosetten.

Diese Bodenstanduhr erregte damals ein gewaltiges Aufsehen, weil hier der Lauf der Planeten an einem Automatenwerk verfolgt werden konnte. Vermutlich ging die Uhr bei einem Brand verloren. Die Originalzeichnungen und -berechnungen sind aber bis in unsere Zeit erhalten geblieben und befinden sich in der Universität von Padua. Der Engländer Alan Lloyd (1895 ... 1969), ein bekannter Historiker und Sammler alter Uhren aus Hookwood bei London, ließ nach diesen Unterlagen vier Uhren bauen. Sie befinden sich in London, Mailand, Zürich und Washington.

Die Dondi-Uhr weckte zur damaligen Zeit in vielen Städten den Wunsch, eine solche Uhr zu besitzen. So entstanden vor allem im 14. und 15. Jahrhundert prachtvolle Schauuhren, die mit Kalendarien und Automatenwerken versehen waren. Sie erregten große Bewunderung und ehrfürchtiges Staunen, wenn zu bestimmten Zeiten die Apostel an Christus vorbeizogen und sich vor dem Herrn verneigten, wenn der Tod die Sanduhr umdrehte, wenn der Hahn krähte und mit den Flügeln schlug. Da sich die meisten Zuschauer die technische Funktion der beweglichen Figuren nicht vorstellen konnten, glaubten einige sogar an Zauberei.

Der Bau einer Schauuhr kostete die Städte große Summen. Das lag daran, daß er sehr zeitaufwendig war und die Mitarbeit vieler Menschen erforderte. Astronomen und Mathematiker führten die für die Uhr notwendigen Berechnungen aus. Kunsthandwerker und Bildhauer stellten das Gehäuse und die Figuren her. Nicht zuletzt mußten tüchtige Uhrmacher gefunden werden, die Räder, Triebe und Hebel nach den Berechnungen bauten. Mit der Anfertigung der Werkgestelle wurden dann Schlosser beauftragt. Herrliche Schauuhren finden wir unter anderem in Heilbronn, München, Nürnberg, Prag und Olomouc (früher Olmütz). Am berühmtesten ist wohl die Uhr im Straßburger Münster. Alle genannten Uhren wurden schon mehrfach beschrieben. Entsprechende Literatur ist im Literaturverzeichnis aufgeführt. An dieser Stelle möchte ich nur auf die Schauuhren eingehen, die in der DDR besichtigt werden können, weil sie sonst meist nur am Rande erwähnt werden.

Die älteste Schauuhr in der DDR dürfte wohl die astronomische Kunstuhr in der Nikolaikirche am alten Markt in Stralsund sein. Sie wurde von Meister *Nikolaus Lillienfeld* erbaut. Der Meister übergab die fertige Uhr am 6. Dezember 1394, d.h. am St.-Nikolaus-Tag. Das Uhrwerk war mit Spindel-Waag-Hemmung ausgerüstet. Seine schmiedeeisernen Räder hatten bis zu 360 Zähne. Leider ist von der Uhr nur das Zifferblatt und ein Teil des Räderwerks erhalten geblieben. Es ist 4 m mal 4 m groß und in zweimal zwölf Stunden geteilt. An einem Kreisbogen konnte der jeweilige Stand der Sonne im Tierkreis abgelesen werden. Weiterhin zeigte die Uhr die Morgen- bzw. Abenddämmerung, den Tag und die Woche sowie den synodischen und siderischen Kalenderablauf, d.h. den Sonnen- und Mondzyklus, an. Alle diese Angaben waren für Jahrhunderte vorausberechnet worden. Nachdem aber Nikolaus Kopernikus 1543 das heliozentrische Weltbild aufgestellt hatte, war der astronomische Teil der Uhr überholt. Möglicherweise aus diesem Grunde wurde das Werk am Ende des 16. Jahrhunderts zerstört. In den Ecken des Zifferblattes sind vier berühmte Astronomen dargestellt, denen jeweils ein weiser Spruch zugeordnet wurde. Diese Sprüche möchte ich hier einmal kurz wiedergeben, weil sie uns einen interessanten Einblick in das Weltbild der damaligen Zeit vermitteln:

Ptolemäus: „Der Niedere wird vom Höheren regiert".

Alfonicus: „Die Bewegung der Sonne und der Planeten findet in schrägen Kreisen statt".

Hali: „Der Tag beginnt mit der Erhebung der Sonne über den Horizont".

Albumcar: „Ein weiser Mann wird über die Gestirne herrschen".

Weiterhin steht auf dem sogenannten Morgenband: „Nach Gott bilden den Ursprung aller Dinge die Sonne und der Mond". Und auf dem Abendband ist zu lesen: „Der Tag bietet reiche Früchte, endet aber oft böse".

Auf einem Seitenteil des Uhrgehäuses befindet sich ein Ölgemälde. Es zeigt den Meister Nikolaus Lillienfeld, wie er zufrieden aus dem Fenster auf das Volk schaut, das die von ihm gebaute Uhr bewundert. Es dürfte sich hier wohl um die älteste Abbildung eines Uhrmachers handeln, da es aus vergangenen Zeiten nur wenige Bildnisse von Uhrmachern gibt.

Zur Zeit wird die Nikolaikirche mit hohem Kostenaufwand restauriert. Dabei soll auch das herrliche Werk der Schauuhr wieder hergestellt werden.

Eine 1400 gebaute Schwesteruhr der eben beschriebenen befindet sich im Doberaner Münster. Leider ist auch hier nur noch das Zifferblatt erhalten geblieben. Vergleichen wir es mit dem Zifferblatt der Stralsunder Schauuhr sowie mit jenem der Schauuhr von Luna (nördlich von Malmö in Schweden gelegen), so erkennen wir eine Übereinstimmung in Aufbau und Darstellung. Wir können daher annehmen, daß alle drei Uhren vom gleichen Meister gebaut wurden.

Die wohl bedeutendste Schauuhr der DDR steht im Chor der Marienkirche in Rostock. Das erste Werk berechnete und baute 1472 der Nürnberger Astronom *Hans Düringer* (1412 ... 1477). 1643 erhielt die Uhr ein neues Werk, das von dem Mathematiker und Astronomen *Zacharias Sebes* (1600 ... 1656) berechnet und vom Meister *Laurentius Burchardt* (um 1606 ... 1670) gebaut wurde. Das Räderwerk ist aus Schmiedeeisen und hat massive Ankerhemmung. Das Gehäuse stammt von dem Tischlermeister *Michael Grothe* und dem Bildschnitzer *Andreas Brandenburg*. Es wurde von dem Kunstmaler *Karl Wilbrand* bemalt. Im Oberteil der Uhr befindet sich das Automatenwerk. Es wird im Volksmund Apostelwerk genannt, weil zu bestimmten Zeiten die Apostel an dem segnenden Christus vorbeiziehen. Unter dem Apostelwerk befindet sich das Hauptzifferblatt, das in zweimal zwölf Stunden geteilt ist. Weiterhin zeigt die Uhr die Mondphase, die Stern- und die Sonnenzeit sowie den Stand der Sonne im Tierkreis an. Zu jeder vollen Stunde ertönt ein Bronzeglockenspiel.

Im Unterteil der Uhr befindet sich eine große Kalenderscheibe, deren Gang von Professor *Hermann Becker* 1895 neu berechnet und reguliert wurde. Bis zum Jahr 2017 wird das Kalendarium Tag, Woche, Monat und Jahr richtig anzeigen, ohne daß eine weitere Einstellung nötig ist. Vom Kalendarium kann man auch die Goldene Zahl, die römische Zinszahl sowie das Osterdatum ablesen. Links neben der Kalenderscheibe befindet sich eine kleine Figur (das sogenannte Tagesmännlein), die die Kalenderstellung anzeigt.

Ein Automatenwerk aus dem Jahre 1500 finden wir auf dem Turm des Jenaer Rathauses. Schon im Mittelalter war der berühmte Schnapphans ein Wahrzeichen der alten Saalestadt. Ursprünglich befand sich der „Hans von Jena" an der linken Giebelseite des Bauwerkes. 1755 fand dann das Automatenwerk über der Uhr auf dem neu erbauten Turm seinen heutigen Platz.

Über dem in zwölf Stunden geteilten Zifferblatt der Turmuhr befindet sich eine Mondkugel, die die Phase des Mondes anzeigt. Die Mondphase spielte früher eine große Rolle. Das Feld wurde nur bei zunehmendem Mond bestellt. Auch größere Reisen trat niemand bei abnehmendem Mond an. Über der Mondkugel schaut der Schnapphans aus dem Turm heraus. Kurz vor dem Vollstundenschlag läutet ein rechts neben dem Zifferblatt stehender Engel die Glocke. Ein auf der linken Seite stehender Heiliger reicht dem Schnapphans am Spieß einen Apfel. Sobald jedoch der Schnapp-

Links: Taschenuhr, 1820 Spindelhemmung, Viertel- und Vollstundenschlag auf Stahltonfeder
rechts: Taschenuhr, 1780 Spindelhemmung, Viertel- und Vollstundenschlag auf Silberglocke

Links: Taschenuhr, 1860 Ankerhemmung, Zungenspielwerk mit Walze, selbsttätige Auslösung
rechts: Taschenuhr, 1800 Zylinderhemmung, Zungenspielwerk mit Scheibe, Auslösung von Hand

Türmchenuhr, 1830
Zylinderhemmung, Emailgehäuse, 150 mm hoch, Wien

Horizontale Tischuhr, 1630
Spindelhemmung, Viertel- und Vollstundenschlagwerk, Wecker auf Bronzeglocke, signiert „Samuel Berckmann Augsburg“

Pendule, 1760
Clementhemmung, Halb- und Vollstundenschlag auf Silberglocke, Bronzegehäuse, feuervergoldet

Cartelluhr, 1780
Clementhemmung, Halb- und Vollstundenschlag auf Silberglocke, Bronzegehäuse, feuervergoldet, Paris

Rechts: Reiseuhr, 1740 Spindelhemmung, Vierviertelschlag und Wecker auf Bronzeglocke, Messinggehäuse, vergoldet, Lederetui; links: Reiseuhr, 1760 Spindelhemmung, Vollstundenschlag und Wecker auf Bronzeglocke, Holzgehäuse; mitte: Reiseuhr, 1740 Spindelhemmung, Vierviertelschlag und Wecker auf Bronzeglocke, Messinggehäuse und Silberfüße vergoldet

Englische Stockuhr, 1740 Spindelhemmung, Vierviertel-Ablaufschlag auf 6 Bronzeglocken, Vollstundenschlag auf zusätzliche Bronzeglocke, Rückseite des Werks prachtvoll graviert

hans den Mund aufreißt, um in den Apfel zu beißen, zieht der Heilige den Spieß mit dem Apfel schnell zurück. Dr. Martin Luther erwähnte in seinen Predigten mehrfach den Schnapphans als Symbol des dummen Maulaufsperrers. Bei der Beseitigung der Kriegsschäden wurde 1968 auch der Schnapphans originalgetreu ersetzt.

Eine schöne Schauuhr steht in einem Seitenraum der Peterskirche in Görlitz. Sie wurde 1507 von dem Meister *Michael Raessel* gebaut. Das Zifferblatt ist in vierundzwanzig Stunden geteilt. Sowohl die obere als auch die untere Hälfte des Zahlenkranzes ist mit den Zahlen 1 bis 12 beschriftet. Der Stundenzeiger macht also am Tag nur eine Umdrehung. Im Mittelpunkt des Zifferblattes ist die Sonne als Gesicht dargestellt, von dem vierundzwanzig Strahlen ausgehen. Über dem Zifferblatt kann die Mondphase abgelesen werden. Das Werk hat Spindel-Waag-Hemmung und ist mit einer großen Radwaag ausgerüstet. Alle Teile sind aus Schmiedeeisen gefertigt. Die Gangzeit beträgt bei einem Aufzug 8 Tage. Das Gehäuse ist etwa 3,50 m hoch.

Eine Schauuhr aus dem Jahr 1520 finden wir in der Stadtkirche zu Schmalkalden. Das Werk dieser Uhr stammt von dem Meister *Wolf Prast*. Der Einbau der beiden Automatenfiguren erfolgte jedoch erst 1638. Die beiden Figuren sind aus Eisenblech gefertigt. Links neben dem Zifferblatt steht der Tod mit Sanduhr und Sense. Rechts sieht man eine Jungfrau mit einem Lebensreifen in der Hand. Bei jedem Stundenschlag schlägt der Tod mit seiner Sense nach dem Lebensreifen, den ihm die Jungfrau entgegenhält. Damit soll der Betrachter daran erinnert werden, daß das Leben zu jeder Stunde durch den Tod bedroht ist. Die gleiche Aussage enthalten auch die unter den beiden Figuren stehenden Worte: „Memento mori".

Ein Wahrzeichen der im Vogtland gelegenen Stadt Plauen ist die Kunstuhr am spätgotischen Rathaus. Sie wurde 1548 von Meister *George Puhkow* aus Hof gebaut und hat ein Viertel- und ein Stundenschlagwerk. Unter dem Stundenzifferblatt, an dem Stunde und Minute abgelesen werden können, befindet sich noch ein kleines Zifferblatt, das die Viertelstunden anzeigt. Links und rechts neben dem Stundenzifferblatt stehen zwei bärtige Männer, die im Volksmund die „wilden Männer" ge-

Rathausuhr in Plauen

nannt werden. Bei jedem Stundenschlag bewegt der links stehende Mann einen Taktstab auf und ab, während der rechts stehende Mann den Mund bewegt, als zähle er die Schläge. Über der Uhr sind zwei Löwen angebracht, die bei jedem Viertelschlag mit einer Tatze an die Glocke stoßen. Zwischen dem Zifferblatt und den Löwen befindet sich eine Mondkugel, die die Mondphase anzeigt. Vor ein paar Jahren ist das alte schmiedeeiserne Werk der Uhr durch ein modernes elektrisches ersetzt worden. Das alte Werk war inzwischen zu stark abgenutzt. Heute wird es im Stadtmuseum aufbewahrt.

Am alten Rathaus der Messestadt Leipzig befindet sich eine prächtige Renaissanceuhr aus dem Jahr 1556. Das in zwölf Stunden geteilte Zifferblatt ist in jeder Ecke von einem alten sächsischen Wappenschild flankiert. Unter dem Zifferblatt zeigt eine Mondkugel die Mondphase an. Die Kugel ist von einem Band umgeben, auf dem drei Jahreszahlen stehen: Das Jahr 1556, in dem die Uhr gebaut wurde, habe ich schon erwähnt. 1907 erfolgte eine Generalreparatur, und 1973 wurde die im Krieg beschädigte Uhr wiederhergestellt.

Der Staatliche Mathematisch-Physikalische Salon im Dresdener Zwinger besitzt eine weltbekannte Uhrensammlung, die bei jedem Besuch das Herz eines Fachmannes, Sammlers und Freundes alter Uhren höher schlagen läßt. In dieser Sammlung befinden sich auch viele Kunstuhren. Ganz hervorragend ist beispielsweise die sogenannte Planetenlaufuhr. Der kunstliebende Kurfürst August von Sachsen bestellte sie 1563 beim Landgrafen Wilhelm IV. von Hessen. Zeichnungen und Berechnungen für diese einmalige Uhr lieferte der Mechaniker und Mathematiker *Eberhard Baldewein.* Der Uhrmacher *Hans Bucher* baute sie dann innerhalb von 4 Jahren. Das feuervergoldete Gehäuse, das aus zwei Etagen besteht, legt Zeugnis von der Kunstfertigkeit seiner Schöpfer ab. Die vier Schauseiten der Uhr zeigen sechs Planetenscheiben, die entsprechend dem ptolemäischen Weltbild um die Erde kreisen. Von der Uhr kann man Stunde und Minute ablesen. Eine Kalenderscheibe gibt Datum, Mondphase und Festtage an. Über dem 1,35 m hohen Gehäuse befindet sich ein Himmelsglobus, eine Arbeit des Goldschmiedes *Hermann Diepel.* Der mit Gold und Silber reich verzierte Himmelsglobus trägt viele Sternbilder und andere astronomische Angaben. Die Planetenlaufuhr hat das stattliche Gewicht von über 300 kg.

Eine weitere interessante Schauuhr, die im Salon besichtigt werden kann, ist die Weltzeituhr von *Andreas Gärtner* (1654 ... 1727). Die Höhe dieser Uhr beträgt 2,40 m, der Durchmesser ihres Zifferblattes 1,35 m. Das in der Mitte befindliche Hauptzifferblatt ist in zweimal zwölf Stunden geteilt. Um das große Zifferblatt herum sind 360 kleine Zifferblätter angeordnet. An diesen Zifferblättern kann man ständig die für jeden Längengrad der Erde gültige Ortszeit ablesen. Das Uhrwerk hat Clementhemmung und geht bei einem Aufzug 10 Tage.

In Görlitz können wir an dem im Renaissancestil erbauten Rathaus eine Schauuhr aus dem Jahr 1584 bewundern. Am unteren Zifferblatt dieser Uhr befindet sich ein Kopf, der von dem Uhrmacher *Bastian Petsch* gefertigt wurde. Der Kopf bewegt Augen und Unterkiefer hin und her, als wolle er die Sekunden zählen. Das in zwölf Stunden geteilte Zifferblatt zeigt genau die MEZ an. Auf die Genauigkeit der Zeitanzeige wird in Görlitz besonderer Wert gelegt, weil durch die Stadt der 15. Längengrad verläuft und somit die Ortszeit mit der Zonenzeit übereinstimmt. Im oberen Zifferblatt zeigt ein kleiner Zeiger das Datum sowie die Mondphase an. Dazu ist auf dem betreffenden Zifferblatt der synodische Mondmonat angegeben. Da aber der synodische Mondumlauf nur 29,5 Tage beträgt, ist ein kleines Getriebe eingebaut, um den Umlauf auf 30 Tage zu bringen. Das äußere Zifferblatt hat die alte Stundenzählung von 1 bis 24. Eine Uhr, die eine solche Teilung aufweist, wird auch als große bzw. ganze Uhr bezeichnet. Über der Uhr liegt in einer Fensternische ein steinerner Löwe, der ursprünglich den Beginn des Neumondes durch heftiges Brüllen ankündigte. 1951 wurde dieser Teil des Automatenwerks restauriert. Orgelbaumeister *Schuster* in Zittau fertigte zwei neue Stimmen. Die Auslösung zur Uhr baute der Verfasser. Heute kann man das Brüllen des Löwen um 12 Uhr mittags und um Mitternacht hören.

In das 1585 vollendete Rathaus von Arnstadt wurde ebenfalls eine Automatenuhr eingebaut. Sie stammt von dem Schlosser und Uhrmacher *Hans Friese* und befindet sich an dem zum Markt blickenden Giebel des Gebäudes. Das in zwölf Stunden geteilte Zifferblatt hat innerhalb des Zahlenkranzes eine Viertelstundenteilung. Rechts und links befinden sich zwei Holzfiguren, die Wasserfrau und der Wassermann, die der Bildhauer *Christoph Denstedt* geschnitzt hat. Das Motiv ist dem Schwarzenburger fürstlichen Wappenschild entnommen worden. Bei jedem Viertel- und Vollstundenschlag heben die Figuren eine Hand, und gleichzeitig erklingt eine Schelle. In der unteren Etage befinden sich noch zwei weitere Figuren aus dem Jahr 1370, die aber nicht mit der Uhr verbunden sind. Diese Figuren stellen Maria und Bonifacius dar und stammen aus der 1581 niedergebrannten Bonifaciuskirche. Unter dem Uhrzifferblatt kann an einer Mondkugel die Phase des Mondes abgelesen werden. Über der Uhr steht auf einem Sockel ein eiserner Adler, der beim zwölften Glockenschlag mächtig die Flügel schwingt. 1816 erhielt die Uhr ein neues Werk mit Sekundenpendel von der Firma *Wilhelm Kühn* aus Gräfenroda.

Das ehemalige Rathaus von Zittau, das bei der Beschießung durch die Österreicher am 23. Juli 1757 vollkommen vernichtet wurde, hatte an der Marktseite eine Schauuhr aus dem Jahr 1608. Von dem schönen Gebäude mit seiner Uhr ist uns ein Kupferstich erhalten geblieben. Im rechten oberen Giebelbogen befand sich ein

Uhr am ehemaligen Rathaus in Zittau

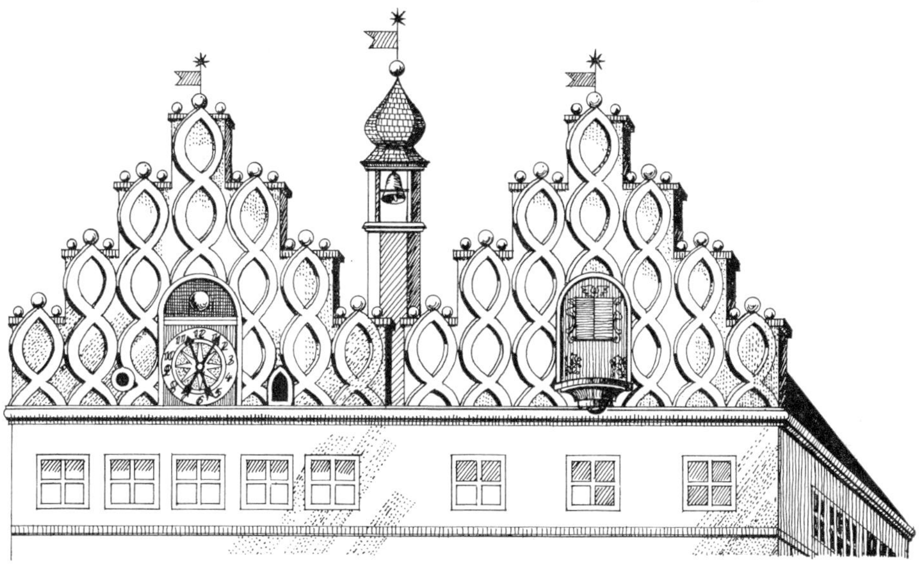

Zwölfstundenzifferblatt, auf dem ein Zeiger die alte böhmische Zeit (Temporalstunden) und ein zweiter die neue deutsche Zeit (Äquinoktialstunden) anzeigte. An einer darüber befindlichen großen Mondkugel konnte die Mondphase abgelesen werden. Im linken oberen Giebelbogen befand sich ein Fenster, das mit dem Uhrwerk verbunden war. Es öffnete sich nur am 7. Juni eines jeden Jahres. Damit sollte an den

Tag erinnert werden, an dem ein junger Bursche aus Rache an einem Haus Feuer legte und dadurch einen großen Stadtbrand verursachte.

Eine prächtige Schauuhr, die bereits 1425 gebaut wurde, befand sich in Magdeburg. Als sie während des 30jährigen Krieges 1629 stehenblieb, wurde das von den Bürgern der Stadt als böses Vorzeichen betrachtet. Bei der schrecklichen Beschießung von Magdeburg im Jahr 1631 wurde die Uhr zusammen mit einem großen Teil der Stadt zerstört.

Johannes Asmann in Weimar baute 1706 im Auftrag des Herzogs Johannes Ernst eine Bodenstanduhr, die ein wahres Meisterwerk ist. Sie zeigt Stunde, Minute, Datum und Mondphase an. An einem Himmelsglobus kann die Bewegung der Sonne durch die Sternbilder des Tierkreises verfolgt werden. Die Uhr hat Viertel- und Vollstundenschlag auf Bronzeglocken. Zu jeder vollen Stunde erklingt ein Spielwerk. Die Uhr wird heute im Weimarer Schloßmuseum aufbewahrt.

Von einer interessanten Automatenuhr berichtet uns die 1887 von Dr. Gustav Schubert geschriebene Chronik der Stadt Großenhain: „An diesem Rathausbau erblickt man zuoberst auf dem Dach drei besondere Erkerlein, in deren mittelsten ein künstlicher Seiger und Schlaguhr hanget, bei dessen Schlag sich außerhalb zwei Ziegenböcke miteinander stoßen, hinter denen auch ein Männlein mit einer Peitsche stehet und auf sie gleichsam mit Gewalt zuschlägt. Unter ihnen aber zeigt sich ein fast possierlicher Narrenkopf, so nach einem vergoldeten Apfel schnapfet." 1744 wurden die Uhr und das erwähnte Rathaus durch einen Stadtbrand leider vollkommen zerstört.

An einem kleinen Dachreiter der Kirche in Delitzsch befand sich seit 1483 eine Uhr mit Zwölfstundenzifferblatt. Später ergänzte man das Uhrwerk mit zwei Bronzeglocken, die im Dachreiter oberhalb des Zifferblattes untereinander aufgehängt wurden. Seit 1784 hat die Uhr auch ein Automatenwerk, dessen Figuren der Schlossermeister *Wacke* aus Eisenach fertigte. Es wurde jedes Jahr zum Peter-und-Paul-Fest am 29. Juni in Gang gesetzt. Zwischen den Glocken und dem Zifferblatt öffneten sich zwei Fenster, in denen Adam und Eva sichtbar wurden. Eva reichte Adam einen Apfel, den dieser mit dem Mund erreichen sollte. Leider ist das Werk nach dem 2. Weltkrieg verfallen. Die beiden Figuren sind aber noch vorhanden, so daß das Automatenwerk demnächst restauriert werden kann.

Eine interessante Weltzeituhr befindet sich im Vorraum des Rates des Kreises zu Bernburg. Sie wurde 1900 von dem Uhrmacher *Johannes Fuchs* erbaut. Das Hauptzifferblatt zeigt Stunde, Minute und Sekunde an und hat darüber hinaus ein Kalendarium. Auf den 23 Nebenzifferblättern kann die Ortszeit der großen Weltstädte abgelesen werden.

Paul Fester aus Falkenstein im Vogtland schuf aus Freude am Basteln eine originelle Schauuhr, die er nach 28jähriger Bauzeit 1923 fertigstellte. Sie kann heute im Heimatmuseum der Stadt besichtigt werden. Das Gehäuse ist 2,70 m hoch und hat ein Zifferblatt mit Zwölfstundenteilung. Außer der Uhrzeit kann man den Monatsnamen, das Tierkreiszeichen, die Mondphase und das Datum ablesen, wobei der alle vier Jahre wiederkehrende Schalttag mit berücksichtigt wird. Alle sechs Stunden erscheinen vier Figuren, die den Lebenslauf des Menschen sinnbildlich darstellen: Kind, Jüngling, Mann und Greis. Auf kleinen Sockeln an den Seiten des Gehäuses befinden sich zwei weitere Figuren, die Maria und Dr. Martin Luther darstellen. Alle diese Figuren sind kleine Kunstwerke. Sie wurden vom Erbauer selbst geschnitzt.

Auf dem Dach des zwölfstöckigen Hauses am Karl-Marx-Platz in Leipzig stehen zwei riesige bewegliche Figuren. Früher nannte man sie Jacquemarts bzw. Jacquet: Heute werden sie von den Bürgern der Stadt einfach als Schlagmänner bezeichnet. Schlagmänner gab und gibt es auch in anderen Städten Europas. Schon im Jahr 1496 setzte man zwei Mohren auf den Uhrturm am Markusplatz in Venedig. Auch die Stadt Udine in Italien kann sich rühmen, seit 1500 auf dem Glockenturm zwei Schlagmänner zu besitzen. Von den schon existierenden Schlagmännern ist der Leipziger *Zachariä* wahrscheinlich inspiriert worden, als er solche Figuren 1925 für das erwähnte Haus in der Messestadt baute. An der 12. Etage des Gebäudes befindet sich das in zwölf Stunden geteilte, 4,30 m große Zifferblatt. Darüber sieht man eine von zwei steinernen Löwen flankierte große Mondkugel. Auf dem Dach steht in der Mitte zwischen den beiden Figuren ein Fuß, auf dem drei übereinandergestülpte

Schlagmänner in Leipzig

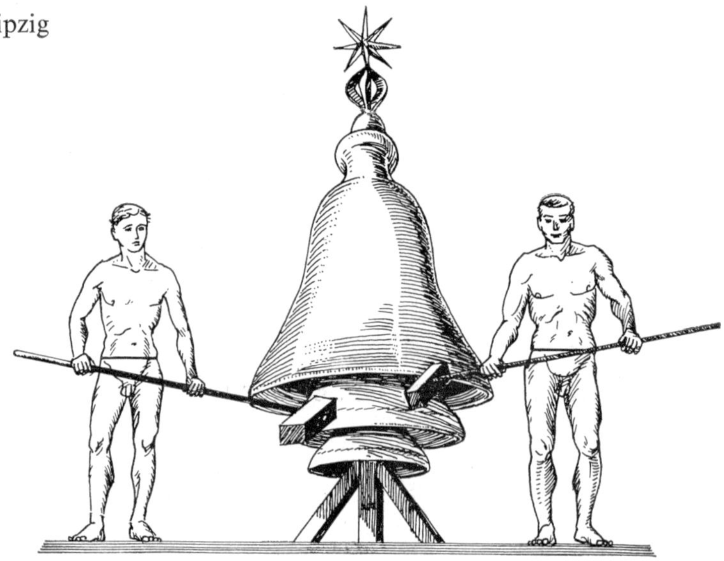

Bronzeglocken befestigt sind. Der linke Schlagmann schlägt zu jeder Viertelstunde auf die mittlere Glocke. In der unteren kleinen Glocke befindet sich ein verstecktes Schlagwerk, das jeden Schlag als Echo wiederholt. Der rechtsstehende Schlagmann schlägt zu jeder vollen Stunde auf die große Glocke, deren Durchmesser am Glokkenrand 2,10 m beträgt. Beide Schlagmänner sind aus Kupferblech getrieben und 3,50 m hoch. Ihre Körper sind in den Hüften geteilt. Beim Schlagen bewegen sich nur die Oberkörper, die zu diesem Zweck mit dem Unterkörper über ein Rollenlager verbunden sind. Jeder der beiden Oberkörper hat das stattliche Gewicht von 250 kg. Das Uhrwerk ist besonders kräftig gebaut. Es ist 3,00 m lang, 1,30 m breit sowie 2,30 m hoch und hat rund 50 Räder. Die Uhr hat einen elektrischen Gewichtsaufzug, der stündlich eingeschaltet wird. Bei Stromausfall beträgt die Gangreserve 30 Stunden, da die Gewichte bis in den Keller absinken können.

Im Jahr 1918 kam der Uhrmacher *Hermann Goertz* (1862 ... 1944) nach Glashütte. Sein größter Wunsch war es, an der Deutschen Uhrmacherschule eine Kunstuhr zu bauen. Diese sollte nicht nur verschiedene astronomische Daten anzeigen, sondern jedes Rad, jede Welle und jeder Hebel sollte höchste handwerkliche Vollendung aufweisen. Bei den für den Bau der Uhr erforderlichen mathematischen Berechnungen halfen ihm Herr Studienrat *Alfred Helwig* (1886 ... 1975), ein international anerkannter Fachmann, sowie der Direktor der Uhrmacherschule, Herr *Dr. Karl Giebel* (1879...1950). 1919 begann Hermann Goertz mit dem Bau der Uhr. In zähem, unermüdlichem Fleiß schuf er eine Kunstuhr von einmaliger Ausführung. Das Gehäuse lieferte der Glashütter Kunsttischler *B. Reichel*. 1926 wurde die Uhr fertiggestellt und vom Land Sachsen gekauft. Seit dieser Zeit steht sie in der Vorhalle der ehemaligen Uhrmacherschule, der jetzigen Ingenieurschule für Feinwerktechnik. Tausende von Besuchern kommen jährlich nach Glashütte, um die Uhr zu bewundern.

Das Hauptzifferblatt zeigt die MEZ an. Unter der Zwölf ist ein kleines Zifferblatt mit dem Sekundenzeiger angebracht. Rechts und links befindet sich ein ewiger Kalender. Rechts unten können Sonnenaufgang und -untergang abgelesen werden. In der Mitte ist der sichtbare Sternenhimmel mit den Tierkreiszeichen dargestellt. Weiterhin wird links die Stellung des Mondes und die Sternzeit angezeigt. Darüber hinaus kann der Betrachter ablesen, ob das Jahr ein Schaltjahr ist und ob die Uhr aufgezogen werden muß. Eine über dem Hauptzifferblatt befindliche Mondkugel gibt die Mondphase an.

Das Uhrwerk hat Grahamhemmung, wobei die Paletten aus geschliffenem Rubin bestehen. Ein von den Brüdern *John* und *James Harrison* erfundenes Rost-Kompensationspendel sorgt für den Temperaturausgleich. Die Uhr hat ein Viertel- und ein Vollstundenschlagwerk. Der Rechen wurde nach der Konstruktion des Berliner Uhrmachermeisters *Runke* gebaut und arbeitet völlig geräuschlos. Der Schlag erfolgt auf Tonfedern.

Das 1958 fertiggestellte neue Gebäude des Mathematisch-Physikalischen Instituts der Technischen Hochschule in Dresden, der jetzigen Technischen Universität, hat an der Giebelseite eine Kunstuhr mit drei Zifferblättern. Schon von weitem erkennt man am mittleren Zifferblatt die Normalzeit. Darüber hinaus zeigen zwei kleine Zeiger den Zeitpunkt des Sonnenaufgangs und den des Sonnenuntergangs an. Am linken Zifferblatt kann man das Datum und die Mondphase, am rechten die Stellung der Sonne im Tierkreis ablesen. Das Uhrwerk hat Grahamhemmung mit Sekundenpendel.

Am 7. Oktober 1969, dem 20. Jahrestag der DDR, wurde auf dem Alexanderplatz in Berlin die Weltzeituhr in Gang gesetzt. Inzwischen ist sie als Treffpunkt für alle

Weltzeituhr
am Alexanderplatz in Berlin

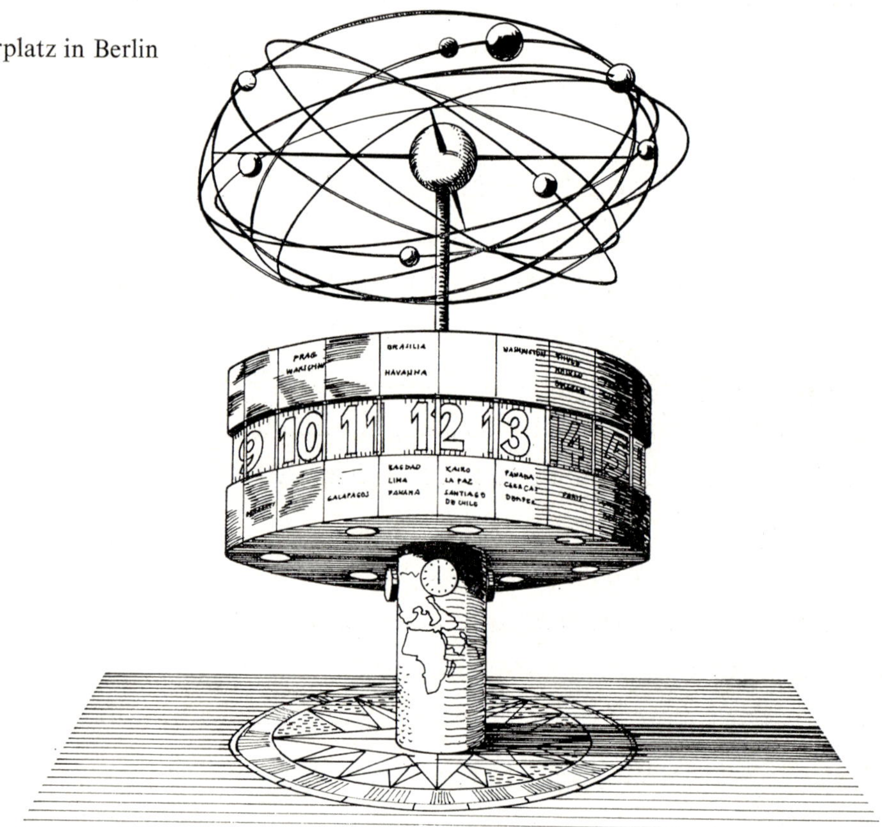

Besucher Berlins weltbekannt geworden. Gestaltet wurde die Uhr von Dipl.-Formgestalter *E. John*, Dozent an der Hochschule für Angewandte Kunst in Berlin. Die Uhr besteht aus einer Säule, die einen Ring mit einem Durchmesser von 5,50 m trägt. Der Ring gliedert sich in drei Teile. Der Mittelring ist mit den Zahlen von 1 bis 24 beschriftet, wobei die Zahlen für die Tagesstunden eine helle Farbe und die für die Nachtstunden eine dunkle Farbe haben. Er dreht sich in 24 Stunden einmal um seine Achse. Auf dem Aluminiummantel der Säule ist eine Weltkarte eingeätzt. Wenn der Betrachter auf dieser Karte die Lage seines Heimatortes aufsucht, kann er am Mittelring ablesen, wie spät es dort im Augenblick ist. Daneben zeigen aber auch 4 Normaluhren, die an der Säule angebracht sind, die MEZ an. Um die Säule herum ist das Straßenpflaster mit Mosaiksteinen als Windrose gestaltet. Über der Uhr dreht sich eine plastische Nachbildung des Planetensystems.

3.4. Glocken und Spielwerke

Schon 1000 Jahre vor unserer Zeitrechnung wurden in China, in der Mongolei, in Tibet, Mesopotamien, Assyrien und Ägypten kleine Bronzeglocken für Kultzwecke verwendet. Wahrscheinlich durch die Kelten wurde die Kunst des Glockengießens im 5. Jahrhundert von Asien nach Europa gebracht. Erst im 7. Jahrhundert erhielten die Glocken bei uns kirchliche Verwendung. Daneben wurden sie aber auch für verschiedene andere Zwecke eingesetzt. Brach Feuer aus, rief die Sturmglocke die Mitbürger zu Hilfe. Bei heranziehendem Gewitter mußte der Kirchner ebenfalls die Glocken läuten, glaubte man doch bis in unsere Zeit (vor allem in den Tälern der Hochgebirge), daß Tonwellen die Gewitterwolken zerteilen und abschwächen. So lautet beispielsweise die Inschrift der 1477 gegossenen „Gloriosa" der Leipziger Thomaskirche: „Die Lebendigen rufe ich, die Toten beklage ich, den Blitz wehre ich".

Darüber hinaus wurden die Glocken aber auch zur Zeitvermittlung verwendet. Zu jeder abgelaufenen Viertelstunde wurde eine Glocke mit hoher Tonlage, zu jeder vollen Stunde eine mit tiefer Tonlage angeschlagen. Die Gebrauchsuhren der Bürger wurden mit Schalenglocken versehen. Um 1800 löste die Tonfeder (eine gehärtete Stahlspirale), die Glocke in den Gebrauchsuhren ab.

Schon frühzeitig erfreuten sich Glockenspiele großer Beliebtheit. Die erste Form eines Glockenspiels war das sogenannte Bombulum. Es handelt sich hierbei um ein transportables Holzgestell, an dem mehrere, aufeinander abgestimmte Bronzeglöckchen hingen. Sie konnten mit einem Hämmerchen angeschlagen und zum Klingen gebracht werden. 1481 erhielt das kleine Städtchen Aalst in Ostflandern das erste Spielwerk mit 8 Bronzeglocken. Mit Hilfe einer Tastatur konnten einfache Lieder gespielt werden. Im 16. Jahrhundert wurden vor allem in den Niederlanden wohlabgestimmte *Bronzeglockenspielwerke* gebaut. Bald verbreiteten sich Glockenspiele in vielen Ländern Europas, so in Belgien, Deutschland, der Schweiz, Italien, Österreich und Schweden. Nach 1700 wurden in England, später auch in Holland und Frankreich Bronzeglockenspielwerke in Bodenstanduhren sowie in die Bracket Clock (Stockuhr) eingebaut. Sie hatten in der Regel 12 bis 14 ineinandergeschachtelte Glokken. Diese wurden von kleinen Hämmerchen angeschlagen, die eine bestiftete Walze auslöste. Meist konnten die Spielwerke 4 bis 8 Lieder spielen. Viele Spielwerke haben für jede Glocke 2 Hämmerchen, die in kurzem Abstand auf die gleiche Glocke schlagen, um das Spiel melodischer zu gestalten. Richtungweisend im Bau von Spielwerken waren die Engländer *Joseph Windmills* (1671 ... 1723) und *William Webster* (1685 ... 1734) aus London. Auch der Amsterdamer *Nicolaas Weyland* (um 1710) hat zur Weiterentwicklung der Spielwerke beigetragen.

Um 1720 wurden kleine Turmuhren mit Spielwerk für den „Hausgebrauch" hergestellt. Herrensitze und die Gutshäuser von Rittergütern hatten vielfach in der Gebäudemitte eine große Hausdurchfahrt. Jeder Gast mußte dort hindurchfahren und wurde vom Hausherrn mit einer Attraktion begrüßt: mit einem Glockenspiel, das von einer über der Hausdurchfahrt eingebauten Turmuhr erklang. Dabei achtete der Hausherr genau darauf, welchem Stand der Gast angehörte. Ein Kleriker wurde mit einem Choral, ein Offizier dagegen mit einem schneidigen Marsch begrüßt. Leider sind nur wenige dieser kleinen Turmuhrspielwerke bis heute erhalten geblieben.

Durch Händler war die Nachricht, daß in den Niederlanden Glockenspiele gebaut werden, auch in den Schwarzwald gelangt. Dort hatte die Uhrenherstellung nach 1720 einen beträchtlichen Umfang angenommen (siehe auch S. 115ff.), so daß sich die Uhrenbauer genötigt sahen, nach Neuerungen zu suchen. Die Schwarzwälder Holzuhren wurden deshalb schon recht bald mit Schlag- und Weckwerken versehen. In beiden Fällen wurden Glasglocken eingesetzt, da die Glasherstellung im Schwarzwald eine lange Tradition hatte. 1768 gelang es *Johann Wehrle* aus Simonswald, eine Holzuhr mit *Glasglockenspielwerk* zu bauen. Diese Uhr erregte großes Aufsehen. Sein Sohn *Christian Wehrle* (1707...1789) beschäftigte sich ebenfalls mit dem Bau von Holzuhren mit Glasglockenspielwerk. Von ihm sind einige recht interessante Stücke bis in unsere Zeit erhalten geblieben. Die Spielwerke haben 8 abgestimmte Glasglocken. Die ersten Uhren spielten Bauerntänze der damaligen Zeit. Bei später gebauten Uhren erklingen auch heute noch bekannte Melodien.

Angeregt durch die Glasglockenspieluhr versuchte man im Schwarzwald, nach dem Vorbild der Kirchenorgeln eine Holzuhr mit *Flötenspielwerk* zu bauen. Große Schwierigkeiten bereitete die Bestiftung der Walze sowie die Anfertigung abgestimmter Flöten und der Windlade. Bei der Lösung dieser Probleme orientierte man sich wahrscheinlich an den bereits in Frankreich gebauten Drehorgeln. Als musikalischer Berater stand den Uhrenbauern der Kapuziner *Hierotheus Deubner* aus dem Neustadter Kloster hilfreich zur Seite. 1770 gelang es dann, die erste Holzuhr mit Flötenspielwerk zu bauen. In den folgenden Jahren haben sich vor allem *Josef Schlegel* (1765 ... 1837) aus Neustadt, *Matthias Siedle* (1787 ... 1841) aus Gütenbach, *Ignaz Bruder* (1770 ... 1845) aus Simonswald und der Neukirchner *Benedikt Muckle* (1771 ... 1857) um den Bau von Flötenspieluhren verdient gemacht. Auch der Unterkirchnacher *Martin Blessing* (1774 ... 1847) schuf wahre Meisterstücke. So baute er große Orchestrion mit 164 Flöten und 15 Registern. Ebenfalls hohe Anerkennung gebührt der handwerklichen Leistung des Uhrmachers *Peter Kinzing* (1745 bis 1816), der seine Uhrwerke an die weltbekannte Möbelwerkstatt von David Roentgens in Neuwied lieferte. Peter Kinzing baute sowohl Uhren mit astronomischen Angaben, als auch Holzuhren mit Flötenspielwerk, die sich durch einen besonderen Wohlklang des Spiels auszeichneten.

Flötenspieluhren fanden bald viele Liebhaber, so daß selbst bekannte Komponisten wie Haydn und Mozart Musikstücke für diese Uhren verfaßten.

1760 wurden in Genf die ersten *Zungenspielwerke* gebaut. Dabei handelte es sich um kleine handgefertigte Stahlzungen, die auf einen Messingbock aufgeschraubt wurden. Eine bestiftete Walze hob die Zungen ab und brachte sie zum Klingen. Die ersten Zungenspielwerke spielten nur einfache Tonläufe, später gebaute ließen kleine Melodien erklingen. Vor allem *Pierre Jacquet-Droz* (1721 ... 1790) sorgte für eine rasche Verbreitung der Zungenspielwerke. *Henri Louis Jacquet-Droz* (1752 ... 1792) aus La Chaux-de-Fonds verbesserte deren Konstruktion. Es wird angenommen, daß er 1780 als erster ein kleines Zungenspielwerk in die Petschaft einer Taschenuhrkette einbaute.

Um 1800 wurden Zungenspielwerke ebenfalls in Frankreich und Österreich gebaut, vor allem in Wien, Preßburg (dem heutigen Bratislava) und Prag. Man war nun schon in der Lage, Tonkämme von 5 bis 8 Zungen herzustellen. Schließlich gelang es, den ganzen Kamm mit Zungenbock in einem Arbeitsgang zu fräsen. Für das Nachstimmen der einzelnen Zungen wurde nur eine geringe Zeit benötigt. Da Zungenspielwerke wenig Platz beanspruchen, wurden sie von den Uhrmachern in Stutz- und Portaluhren, sowie in die damals beliebten Rahmenuhren eingebaut. Durch besonderen Wohlklang des Spieles zeichnen sich die Zungenspielwerke des Prager Uhrmachers *Franticek Ribezschek* aus.

In der Schweiz wurden ab 1820 kleine Walzenspielwerke in Taschenuhren eingebaut. Die Gehäuse dieser Uhren waren jedoch wegen der Walze sehr dick und unförmig. 1825 ersetzte der Genfer *Louis David Lecouttre* (1803...1881) die Walze durch eine bestiftete Scheibe. Dadurch wurden die Taschenuhren bedeutend flacher, was der damaligen Mode sehr entgegen kam. Heute sind Spieluhren aller Art sehr gesuchte Sammlerobjekte.

Schon im Jahr 1737 gab Kurfürst Friedrich August II. den Auftrag, für den Dresdner Zwinger ein Glockenspiel mit Porzellanglocken herzustellen. Trotz eifrigen Bemühens scheiterte aber dessen Herstellung an den technischen Möglichkeiten der damaligen Zeit. Erst 1925 gelang es Professor Börner, ein Hartporzellan herzustellen, das sich für die Herstellung von Porzellanglocken eignete. 1929 erhielt die Stadt Meißen anläßlich ihrer Tausendjahrfeier von der Porzellanmanufaktur Meißen das erste *Porzellanglockenspielwerk* der Welt geschenkt. Es ist im Schallfenster

Blumenuhr in Zittau

der am Marktplatz gelegenen Frauenkirche eingebaut. Die 37 Glocken haben einen zarten Klang, bei dem man sich in die Zeit des Rokoko zurückversetzt glaubt. Porzellanglocken können sehr genau abgestimmt werden. Allerdings haben sie nur eine begrenzte Tonstärke. Deshalb war es bei dem Meißner Porzellanglockenspiel erforderlich, eine zusätzliche elektrische Lautverstärkung einzubauen, da der Klang sonst durch den Wind stark beeinträchtigt wurde. 1931 erhielt dann auch der Dresdner Zwinger fast 200 Jahre nach dem Auftrag von August d. Starken ein Porzellanglokkenspiel. Es wurde zwar schon 14 Jahre später bei dem Bombenangriff des Jahres 1945 auf Dresden wieder zerstört, erklingt aber seit dem Wiederaufbau des Zwingers von neuem zur Freude der vielen in- und ausländischen Besucher.

1966 erhielt die 1907 erbaute, nun schon weltbekannte Blumenuhr an der alten Fleischerbastei in Zittau ein Spielwerk mit 21 Porzellanglocken, das stündlich eine alte Volksweise erklingen läßt. Das Zifferblatt der Uhr wird dreimal im Jahr mit über 4500 Blumen bepflanzt.

Portaluhr, 1830 Clementhemmung, Vierviertelschlag auf Tonfeder, Zungenspielwerk,
2 Melodien, erklingen abwechselnd nach dem Vollstundenschlag, Wien

Rahmenuhr, 1820 Clementhemmung, Halbstunden- sowie Vollstunden- und Echoschlag auf 2 Tonfedern, Werkdurchmesser 160 mm

Portaluhr, 1830 Clementhemmung, Vierviertelschlag auf Tonfeder, Zungenspielwerk
2 Melodien, erklingen abwechselnd nach dem Vollstundenschlag, Prag

Links: Zappler, 1815 Rollenankerhemmung, 110 mm hoch, Gangdauer 30 Stunden, Gehäusefront feuervergoldet
rechts: Zappler, 1815 Clementhemmung, 115 mm hoch, Gangdauer 30 Stunden, Gehäusefront aus Porzellan
mitte: Zappler, 1815 Clementhemmung, 75 mm hoch, Gangdauer 30 Stunden, Gehäusefront aus Porzellan

4. Uhren der Renaissance und des Barock

4.1. Türmchenuhren der Renaissance

Im 16. und 17. Jahrhundert gab es in Europa eine Vielzahl von Fürstentümern und Grafschaften, deren Herrscher fast alle in verwandtschaftlicher Beziehung zueinander standen. Um gesellschaftsfähig zu bleiben und die Verbindung zueinander nicht zu verlieren, überreichte man sich bei Familienfestlichkeiten und zu besonderen kirchlichen oder politischen Begebenheiten Geschenke aller Art. Da sich das Uhrmacherhandwerk inzwischen zu einem Kunsthandwerk entwickelt hatte, waren Uhren ein beliebtes Geschenk für derartige Anlässe. Die Uhren hatten meist die Form von kleinen Türmchen, die außer der Zeit auch viele astronomische Daten anzeigten und mit Automatenwerken versehen waren. Die Gehäuse dieser Türmchen bestanden aus feuervergoldeter Bronze; ihre Werke waren meist aus Eisen gefertigt und hatten Spindel-Waag-Hemmung. Die Türmchenuhren waren Federzuguhren mit Darmsaiten-Schneckenaufzug und standen mitunter auf einem Ebenholzsockel.

Viele Einzelstücke sind gebaut worden, die wir heute in Museen oder Sammlungen besichtigen können. Stellvertretend seien hier einige der erhalten gebliebenen Uhren genannt sowie die trefflichen Meister, die diese Uhren hergestellt haben:

Eine 1559 vom Magister *Moritz Beham* in Wien geschaffene Uhr befindet sich in der Sammlung des Kunstgewerbemuseums in Stuttgart. Das Kunstgewerbemuseum von Budapest besitzt ein wunderschönes Türmchen, das der Meister *Gerhard Emmoser*, Augsburg, 1566 für Kaiser Maximilian gebaut hatte. In der DDR kann man eine Türmchenuhr im Staatlichen Mathematisch-Physikalischen Salon in Dresden bewundern. Es handelt sich dabei um das 1587 gefertigte Meisterstück von *Paulus Schuster* (1559 ... 1634) aus Nürnberg. Im Prager Kunstgewerbemuseum begeistert uns die Arbeit des Frankfurters *Georg Wildt* aus dem Jahr 1589. Ebenfalls eine erstklassige Uhr, die *Nicolaus Radeloff* 1654 in Schleswig geschaffen hat, besitzt das Stadtmuseum in Kopenhagen.

Nach 1670 sind nur noch vereinzelt Türmchenuhren gebaut worden. Erst nach 1820 sind nochmals einige prachtvolle Uhren entstanden, deren Türmchen mit kunstvollen Emailarbeiten versehen wurden. Die Gesamthöhe dieser Uhren betrug nur 150 mm. Die Werke waren sehr flach gebaut und hatten Zylinderhemmung mit Schlüsselaufzug. Die Türmchen sind alle von hervorragenden Miniaturmalern bemalt worden. Besonders reizvoll sind die kleinen Elefanten als Bekrönung auf dem Kapitell der Säulchen.

Eine bekannte Türmchenuhr habe ich in der obigen Chronologie nicht erwähnt, da ich auf diese Uhr etwas näher eingehen muß: Im Jahre 1822 tauchte eine gotische Türmchenuhr in der Form eines Münsters auf, die dem Grafen Eduard Collalto gehörte. Diese Türmchenuhr soll aus dem Besitz des Herzogs Philipp d. Guten von Burgund (1396 ... 1467) stammen. Noch heute beschäftigt sich die Fachwelt mit dieser Uhr, da sie angeblich als älteste Federzuguhr der Welt im Jahr 1430 gebaut wurde.

Verfolgen wir zunächst den Weg der Uhr.

Nach dem Tod des Grafen Collalto kaufte sie der bekannte Altertumsforscher Sektionsrat Edler von Leber, Wien. Der Münchner Professor Ernst Bassermann-Jordan besichtigte die Uhr und berichtete davon dem bekannten Berliner Uhrensammler Marfels. Herr Marfels kaufte die Uhr und brachte sie nach Deutschland. 1926 bot Herr Marfels die Uhr dem Staatlichen Mathematisch-Physikalischen Salon in Dresden für 2½ Millionen Goldmark zum Kauf an. Daraufhin wurde sie bei einer Zusammenkunft in der Wohnung des Uhrensammlers Pleissner in Dresden besichtigt. Anwesend waren Herr Marfels, Herr Professor Bassermann-Jordan, Uhrmachermeister Pleissner, Herr Professor Werkmeister (der Direktor des Salons), Herr Engelmann (der bekannte Restaurator vom Dresdner Salon) und Herr Carstensen. Frau Pleissner berichtete mir später, daß die Sitzung um 20.00 Uhr begonnen hatte. Als sie am nächsten Morgen gegen 7.00 Uhr das Herrenzimmer betrat, waren alle Herren noch versammelt und in eine dicke Rauchwolke eingehüllt. Auf dem Tisch befand sich die Standuhr Philipps d. Guten, die Herr Marfels in einem geigenkastenähnlichen Etui mitgebracht hatte. Ein Verkauf kam jedoch nicht zustande, da Herr Direktor Werkmeister und Herr Engelmann Bedenken hinsichtlich des Alters der Uhr hatten.

Darauf reiste Herr Marfels 1929 mit der Uhr nach Amerika. Aber auch dort konnte er die Uhr nicht verkaufen. Durch diese erfolglose Reise war Herr Marfels in Geldnot geraten; so mußte er die Uhr für 120000 Mark an Herrn Najok in Frankfurt verpfänden. Als Herr Marfels verstarb, konnten die Erben die Uhr nicht einlösen. Somit ging sie in den Besitz von Herrn Najok über. Nachdem Herr Najok Direktor der Dresdner Felsenkeller-Brauerei geworden war, kam die Uhr wieder nach Dresden und stand als Leihgabe von 1936 bis 1942 im Staatlichen Mathematisch-Physikalischen Salon im Zwinger. Herr Dr. Kohlhaus kaufte sie im Auftrag des Germanischen Nationalmuseums Nürnberg, wo sie noch heute ausgestellt ist. So wanderte die Uhr von 1822 bis in unsere Zeit. Unwillkürlich taucht allerdings die Frage auf, wo die bedeutende Uhr in der Zeit von 1430 bis 1822 war.

Fachleute sind heute der Ansicht, daß verschiedene Teile dieser prachtvollen Uhr nicht als echt bezeichnet werden können. So war es in der Zeit um 1430 nicht üblich, Uhren in Reliquien- oder Monstranzbehälter einzubauen. Erst 1570 wurde von Meister *Jeremias Metzger* in Augsburg eine Monstranzuhr geschaffen, die heute im Victoria- und Albert-Museum in London aufbewahrt wird. Auch die Zeit der Erfindung des Federaufzugs für Uhren spielt bei der Beurteilung der Echtheit der Uhr Philipps d. Guten eine große Rolle. Darüber hinaus gibt es noch viele andere Merkmale an der Uhr, die nicht in das Jahr 1430 passen. Mir wird es daher immer ein Rätsel bleiben, wie der bekannte Historiker, Professor Bassermann-Jordan, die Uhr sofort als echt erklären konnte.

Bedeutende Fachleute und Historiker Europas sind heute der Ansicht, daß es sich bei der Uhr Philipps d. Guten um eine spätere Kombination handeln muß. In den letzten Jahren wurde die Uhr deshalb mehrfach zerlegt und eingehend untersucht. Dennoch konnte bis heute nicht endgültig geklärt werden, wann der Einbau des Werkes in das wahrscheinlich aus der Aachener Schule stammende münsterförmige Gehäuse erfolgte.

4.2. Horizontale Tischuhren

Bei der Benennung selbst der wichtigsten Uhrenarten bestehen viele Unklarheiten. Deshalb sei es mir gestattet, an dieser Stelle kurz darauf einzugehen. Die Bezeichnung richtet sich bei einigen Uhrenarten nach deren Standort, bei anderen nach dem verwendeten Material, bei wieder anderen nach der Gehäuseform. Wenn wir von einer Bodenstanduhr sprechen, weiß jeder, daß es sich um eine Uhr handelt, die auf dem Fußboden steht. Ebenso ist wohl die Bezeichnung Konsol- oder Stuhluhr für jedermann verständlich.

Nach dem Werkstoff des Gehäuses werden beispielsweise die Porzellan- und die Majolikauhr benannt. Desgleichen hat sich für eine andere Uhrenart der Name Pariser Bronze-Pendule eingebürgert. Bei später gebauten Uhren dieser Art treffen wir allerdings auch die Bezeichnung „Napoleonstil“ an.

Die Bezeichnung Stutzuhr soll ausdrücken, daß man bei dieser Gehäuseform den Eindruck hat, eine ehemals große Uhr sei gestutzt worden. Eine ähnliche Bezeichnung finden wir im Büchsenmacherhandwerk: Ein kurzes Gewehr wird Stutzen genannt. Ebenso gibt es in der Bekleidungsindustrie für einen kurzen Herrenmantel die Bezeichnung Stutzer.

Häufig begegnen wir den sogenannten Wiener Uhren. Hierbei handelt es sich um verschiedene Uhrenarten, deren Gehäuseform erstmals in Wien gebaut wurde. Die Bezeichnung wird fast immer durch einen Zusatz ergänzt, der die genaue Uhrenart angibt. Auf diese Weise entstehen Namen wie „Wiener Portaluhr“ oder „Wiener Hausherrenuhr“. Wiener Zappler sind kleine Wiener Uhren, die unter einer Glashaube stehen und ein vor dem Zifferblatt schwingendes Pendelchen haben.

Vertreter aller dieser Uhrenarten sind „alte“ Uhren. Vielfach wird statt dessen von „antiken“ Uhren gesprochen. Diese Bezeichnung ist aber völlig falsch. Sie trifft nur auf die Zeitmesser zu, die aus der Epoche vor der Erfindung der Räderuhr stammen. Beispielsweise müssen bei Ausgrabungen gefundene Sonnen- oder Wasseruhren als „antik“ bezeichnet werden.

Obwohl man fast alle Uhrenarten auf einen Tisch stellen kann, wird nur eine ganz bestimmte Uhrenart als Tischuhr bezeichnet. Diese Uhrenart wurde in der Zeit der Renaissance bis zum Ausgang des Barock in Süddeutschland und Österreich, später auch in Frankreich, England und Holland hergestellt.

Die Uhren haben eine interessante Form. Sie kann entweder vier-, sechs-, acht-, zehneckig oder rund sein. Die Werke der frühen Tischuhren sind aus Eisen gefertigt. Sie haben Spindelhemmung mit Waag, auch Foliot genannt, sowie Darmsaiten-Schneckenaufzug. Später gebaute Tischuhren wurden mit Kettenaufzug versehen. Stundenschlag und Wecker erfolgen auf eine Bronzeglocke, die am Werkboden eingebaut ist. Am Zifferblatt finden wir oft eine Vielzahl von astronomischen Angaben.

Die Werke befinden sich in geschlossenen, feuervergoldeten Bronzegehäusen. Die Seitenteile der Gehäuse zeigen oft in Kunstguß Szenen aus der römischen oder griechischen Geschichte. Später gebaute Uhren haben dagegen an den Seiten Fenster, damit das Werk von allen Seiten eingesehen werden kann. Die Fensterrahmen, die aufgesetzten Eckverzierungen und die Füße der Tischuhr sind versilbert. Besonders reich verzierte Gehäuse sind mit echten Steinen, wie Türkisen, Granaten und Rubinen, besetzt. Eine herrliche Tischuhr steht im Grünen Gewölbe in Dresden, eine weitere befindet sich im Schatz des Ritterordens in Wien.

Die Meister wußten, daß sie wahre Kunstwerke geschaffen hatten. Sie vertraten daher die Ansicht, daß eine solche Uhr nicht auf der schmutzigen Erde stehen dürfte. Aus diesem Grunde versahen sie die Tischuhr mit Füßen in der Form von geflügelten Köpfen oder von Klauen, damit das Kunstwerk symbolisch von der Erde abgehoben wird.

Sehr praktisch waren die Tischuhren nicht, da der Blickwinkel zum horizontalen Zifferblatt sehr begrenzt ist. Wollte man die Zeit wissen, mußte man sehr nahe an die Uhr herantreten, um die Zeit vom Zifferblatt ablesen zu können. Andererseits waren die Tischuhren leicht transportabel und konnten als Reiseuhren mitgenommen werden. Zu diesem Zweck wurden sie in ein mit Leder bezogenes Holzetui gesteckt.

4.3. Bronze-Pendulen aus der Zeit Ludwig XIV.

Zur Zeit Ludwigs XIV. (1638 ... 1715) umgab man sich mit ungewöhnlichem Prunk. Er erstreckte sich sowohl auf die Architektur, als auch auf die Inneneinrichtung der Schlösser und die Bekleidung der herrschenden Klasse. Kein Wunder, daß die Uhrmacher mit ihrem hohen technischen Können und ihren künstlerichen Fähigkeiten dem Wunsch der Zeit entgegenkamen und prunkvolle Bronzeuhren bauten, die Pendulen genannt wurden. Sie haben eine kunstvolle Gehäusegestaltung, wobei außer Bronze auch Marmor verwendet wurde. Die Bronzeteile veredelte man durch eine meist matte Feuervergoldung.

Die Werke wurden für jede Uhr eigens angefertigt, wobei man besonders auf beste Präzision achtete. Sie haben zum großen Teil Clementhemmung, das Pendel hängt an einem Faden. Der Hammer des Halbstundenschlagwerkes schlägt an eine zarte Bronzeglocke. Der Werkdurchmesser liegt zwischen 90 und 110 mm.

Mit der Zeit wurde die Nachfrage nach Bronze-Pendulen immer größer. Das lag daran, daß auch die bürgerlichen Kreise ihr Heim mit einer solchen Uhr schmücken wollten. Daher befaßten sich zuerst Manufakturen, später Fabriken mit der Herstellung der Pendulen, deren Verkauf ihnen einen hohen Profit sicherte. Maschinell wurden die Pendulen nicht nur aus Bronze, sondern zum großen Teil in einem billigen Zinkspritzgußverfahren hergestellt und mit einer einfachen Vergoldung überzogen. Im Laufe von 50 Jahren wurden auf diese Weise einige Millionen Uhren produziert.

Bronze-Pendulen mit handgefertigten Werken gehören zu den großen Seltenheiten. Es gibt aber auch echte Bronze-Pendulen mit in Serie gebauten Werken, an denen man sich genauso erfreuen kann. Pendulen mit Spritzgußgehäuse wird man als Sammler allerdings ablehnen. Abschließend sei noch bemerkt, daß alle Bronzependulen unter einer Glashaube gestanden haben.

4.4. Cartelluhren

Die Ausgestaltung der Wohnräume mit reichen Stuckarbeiten und bebilderten Tapeten erforderte eine Uhr mit neuer Gehäuseform. Deshalb entwickelten die Uhrmacher die Cartelluhr, die typische französische Wanduhr aus der Zeit von 1735 bis 1780. Um die Cartelluhr auf der tapezierten Wand hervorzuheben, brachte man die Uhr auf einer mit Stoff bezogenen, wappenförmigen Unterlage an. Die Farbe des Stoffes wurde auf die Tapete abgestimmt. Die Gehäuse waren aus Bronzeguß. Man bevorzugte die Kartuschenform, wobei die Seitenteile aufgeschnitten und ebenfalls mit farbigem Stoff hinterlegt wurden. Die Herstellung der reich verzierten Gehäuse machte den damaligen Bronzegießern große Schwierigkeiten, war doch die Vorbereitung des Gusses sehr zeitaufwendig. Mit berechtigtem Stolz brachten daher die Gießer ihre Meistermarke am Gehäuse an.

Das stark gewölbte (bombierte) Zifferblatt bildet den Gehäusemittelpunkt. Die Zeiger in den Formen Dauphin oder Louis XV. sind vergoldet und mit Handgravur versehen. Die sehr kräftig gebauten Werke haben Clementhemmung mit Fadenaufhängung. Der Stundenschlag erfolgt auf Bronzeglocke. Die Gangzeit ist unterschiedlich, sie kann bei einem Aufzug 8 bis 14 Tage betragen.

Auch im alten Österreich sind in der Zeit zwischen 1750 und 1800 schöne Cartelluhren gebaut worden, so in Wien, Prag und Preßburg. Hier wurden die Gehäuse aber nicht aus Bronzeguß hergestellt, sondern von Holzbildhauern aus Lindenholz gefertigt. Dabei wurde die österreichische Moderichtung zwar stark berücksichtigt. die Grundform der Cartelluhr aber beibehalten. Um den Wert der Uhren zu erhöhen wurden die Gehäuse mit Blattgold belegt. Der Kauf einer Cartelluhr, ob aus Bronze oder aus Holz, war jedoch wegen des hohen Kaufpreises nur begüterten Schichten vorbehalten.

5. Formenreichtum der Uhren im 18. und 19. Jahrhundert

5.1. Reiseuhren unserer Väter

Nach 1680 brachten die Uhrmacher eine neue Uhrenart auf den Markt: die tragbare Reiseuhr unserer Vorfahren. Die ersten Uhren dieser Art wurden wahrscheinlich in Süddeutschland gebaut. Schnell erfreuten sie sich in vielen Ländern großer Beliebtheit. In Frankreich und England baute man sie in fast gleicher Form.

Die Werke der Reiseuhren haben Spindelhemmung mit Schneckenaufzug sowie Viertel- und Vollstundenschlag auf zwei Bronzeglocken, die zwischen den Gehäusefüßen eingebaut sind. Die Weckzeit kann an einer Zahlenscheibe eingestellt werden.

Die ersten tragbaren Uhren sind von schlichtem Äußeren. Sie haben ein glattes, rechteckiges Messinggehäuse, das etwa 180 mm hoch ist. In den Seiten sind Fenster eingearbeitet, damit die Werkteile eingesehen werden können. Oben schließt das Gehäuse dachartig ab und ist mit einem ringförmigen Tragbügel versehen. Später wurden die Gehäuse mit Blumen und Figuren wunderschön graviert. Trat man eine Reise an, kam die Uhr in ein lederbezogenes Holzetui.

Durch den Tragbügel steckte man einen Lederriemen und trug die Uhr über der Schulter.

In Paris baute man nach 1830 Reiseuhren mit erstklassigen Präzisionswerken. Bei diesen Uhren erfolgt der Schlag auf gut abgestimmte Tonfedern. Die Meister versahen die Uhren auch mit besseren Hemmungsarten, wodurch sie eine ausgezeichnete Ganggenauigkeit erreichten. So verwendeten sie vielfach die Zylinderhemmung, daneben aber auch die Spitzzahn-Duplex-Hemmung und die Schweizer-Hemmung, die sie jeweils als Echappement über die beiden Werkplatinen setzten. Ein unter dem Tragbügel befindliches Fenster gibt den Blick zum Hemmungsteil frei.

Die Gehäuse sind vierseitig verglast und meistens vergoldet. Eine etwas abweichende Form der Reiseuhren bauten die Schweizer Meister. Die von ihnen gefertigten Gehäuse aus Bronzeguß, die reich verziert und feuervergoldet sind, wurden unter dem Namen „Offiziersuhr" bekannt.

5.2. Bracket Clock und Stockuhr

Ein weiterer Uhrentyp, der nach 1650 in Europa eine schnelle Verbreitung fand, war die Bracket Clock. Ihr Ursprungsland war England. Die ersten Bracket Clock hatten ein viereckiges, versilbertes Zifferblatt. Die Form des Holzgehäuses veränderte sich mehrfach, vor allem die Bekrönung des Daches. Auch die Bronzeverzierung und die Form des Tragbügels wechselten.

Ab 1700 versah man die Uhr mit einer verglasten Tür. Das Gehäuse erhielt an den Seiten eine Gitterverzierung und oberhalb des Zifferblattes einen Rundbogen. Im Rundbogen befinden sich meist Nebenzifferblätter mit Datumscheibe oder Mondphase sowie ein Schlagwerkabsteller. Der Zahlenring am Hauptzifferblatt ist sehr oft mit römischen Zahlen aus Silber oder Zinn versehen. Die Ecken des Zifferblattes sind mit schönen Bronzegußteilen verziert, durch Handgravur noch zusätzlich hervorgehoben. Auf diese Weise wirkt das Zifferblatt besonders kunstvoll.

Die Gesamthöhe der Gehäuse variiert zwischen 500 und 600 mm. Sie sind vorherrschend schwarz poliert. Gehäuse von hellem Holz sind seltener.

Die Werke sind kräftig gebaut. Die Platine ist etwa 140 mm mal 200 mm groß. Besonders erfreut den Betrachter die hervorragende Gravierung der hinteren Platine. Die Bracket Clock haben Spindelhemmung, wobei das Pendel hinter dem Werk schwingt. Das Zifferblatt hat unter der 12 oder über der 6 eine Öffnung, in der sich ein kleines Pendelchen mitbewegt. So kann schon von weitem gesehen werden, ob die Uhr in Gang ist. Weiterhin haben die Werke Darmsaiten-Schneckenaufzug sowie Halbstundenschlag auf Bronzeglocke. Vielfach haben die Uhren Viertelstundenrepetition auf mehrere Bronzeglocken.

Einige Londoner Meister, die sich um den Bau der Bracket Clock besonders verdient gemacht haben, möchte ich hier nennen:

Edward East	1610 ... 1693
Thomas Tompion	1638 ... 1713
Daniel Quare	1649 ... 1724
Joseph Windmills	1671 ... 1723
William Webster	1685 ... 1734
Simon de Charmes	1688 ... 1730
Eardley Norton	1740 ... 1794

Auch in Holland sind bemerkenswerte Uhren dieser Art gebaut worden. Die dortigen Uhrmacher versahen die Bracket Clock zusätzlich mit einem Glockenspiel. Im „Land der Glockenspiele“ war man dazu ja fast verpflichtet. Die Rundbögen am Zifferblatt erhielten Ölgemälde mit holländischen Motiven. Ein großer Teil der Werke wurde allerdings nicht in Holland gebaut, sondern im Rohbau aus England importiert. In Holland stellte man die Werke nur fertig und baute sie in die Uhrgehäuse ein.

In Deutschland begann der Bau der Stockuhr in den Städten Nürnberg, München und Bamberg. An dieser Stelle möchte ich den trefflichen Meister *Johann Karl Landeck* (1636 ... 1712) aus Nürnberg nennen, der sich viele Jahre mit dem Bau einer deutschen Stockuhr beschäftigte und wahre Meisterwerke schuf. Auch der Meister *Leopold Hoyss* (1713 ... 1797) aus Bamberg trug zur Entwicklung der deutschen Stockuhr im Rokokostil bei, indem er neue Schmuckelemente aus Bronze verwendete und das Zifferblatt mit schönen Emailkartuschen reich verzierte. Der Zittauer Meister *Johann Gottfried Prasse* (1725 ... 1799) überraschte die Fachwelt mit seinem hohen handwerklichen Können. Besonders seine technische Anordnung der Werke erregte Aufsehen. Dabei hatte er den Ehrgeiz, jede Uhr nur einmal herzustellen.

In den Städten Wien, Prag und Preßburg (heute Bratislava) im alten Österreich fertigten die Meister ebenfalls ausgezeichnete Stockuhren. Sie verwendeten schwere Barockgehäuse, reich besetzt mit Bronzeapplikationen, die sie mit einer Blattvergoldung versahen. Eines der vielen österreichischen Prachtstücke, das mit seinen astronomisch-geographischen Indikationen von dem Jesuitenpater *Johannes Klein* um 1738 berechnet und erbaut wurde, befindet sich im Staatlichen Mathematisch-Physikalischen Salon in Dresden. Aber auch in Wiener und Prager Sammlungen kann man sich an vielen Arbeiten der alten Meister erfreuen.

5.3. Wiener Portaluhr, Stutzuhr, Rahmenuhr und Zappler

Rokoko, Empire und Biedermeier fanden wie alle Stilrichtungen ihren Ausdruck auch in der Gestaltung der Möbel ihrer Zeit. Uhrmachermeister und Tischler waren dadurch gezwungen, die Uhrengehäuse ebenfalls der jeweiligen Stilrichtung anzupassen. Vor allem den Wiener Meistern gelang es, 3 neue Gehäusegrundformen zu entwickeln, die bald in aller Welt gefragt waren.

Als erste neue Grundform ist die ab 1770 gebaute *Portaluhr* zu nennen. Diese nach der portalartigen Form des Gehäuses benannte Uhr hat einen hölzernen, kastenförmigen Untersatz. Das Oberteil wird von mehreren Säulen getragen, die meist in einem schönen Bronzekapitell enden. Einfache Portaluhren haben 4 Säulen aus Holz. Bei wertvollen Uhren finden wir dagegen 4, 6 oder 8 Alabastersäulen. Alabaster ist ein durchscheinender Gipsspat von besonderer Kristallform, der nach der oberägyptischen Stadt Alabastron benannt ist. Portalgehäuse, die durch reiche Metalleinlegearbeiten verschönt sind, haben meistens 2 korinthische Säulen als Träger des

Oberteils. Bei der Verzierung der Portaluhren mit vergoldeten Holzadlern oder geflügelten Fabeltieren ist leider sehr oft zu viel des Guten getan worden.

Ebenfalls ab 1770 wurde die *Stutzuhr* gebaut, die in ihrer Gehäusegrundform vom Portal abweicht. Die Holzgehäuse der Wiener Stutzuhren sind häufig mit Figuren besetzt und der jeweiligen Stilepoche angepaßt. Hier hatten die Meister ein reiches Betätigungsfeld für ihre Schöpferkraft und Ideen, weshalb viele formschöne Stutzuhrgehäuse entstanden.

Einen weiteren großen Erfolg hatte die Wiener *Rahmenuhr*, auch Bilderrahmenuhr genannt. Die ersten Rahmenuhren entstanden um 1780 in Holland und Frankreich. Ihr Gehäuse bestand aus einem Rahmenkasten mit einer Durchschnittsgröße von 450 mm mal 500 mm, in dessen Vorderfront eine Blechplatte eingesetzt war. Diese Blechplatte wurde mit einem Ölgemälde versehen, das Stadt- und Landschaftsmotive in harmonischer Verbindung mit einem Zifferblatt zeigte. Viele Rahmenuhren hatten noch zusätzlich ein bewegliches Figurenwerk. Nach 1800 entwickelten die Wiener Meister aus dieser Uhrenart die typische Wiener Biedermeierrahmenuhr. Anstelle der Blechplatte mit Ölgemälde setzten sie eine Holzplatte mit vielen Metallzierteilen. Ein sogenanntes Ochsenauge gibt den Blick zum schwingenden Pendel frei. Rahmenkasten und Werkplatte sind feinblattvergoldet, was den damaligen Käufern sehr gefiel.

Bei allen 3 genannten Wiener Uhrenarten unterscheiden sich die Werke nicht voneinander. Die Abmessungen der Werkplatine betragen etwa 75 mm mal 80 mm. Die Werke haben Hakenhemmung, das Pendel hängt an einem Faden. Die Federtrommeln sind fest auf die Platine aufgeschraubt, eine Besonderheit bei diesen Uhrenarten. Die Gangzeit beträgt 32 bis 35 Stunden. Das Schlagwerk hat meistens Rechenschlag, wobei der Schlag auf eine Tonfeder erfolgt. Nur die zuerst gebauten Uhren haben Bronzeglocken. Mit $^4/_4$-Schlagwerk und Zungenspielwerk versahen die Meister vor allem die Portal- und Rahmenuhren.

Eine weitere Wiener Uhrenart sind die Wiener *Zappler*. Sie wurden nach 1800 gebaut und erfreuten sich sehr schnell großer Beliebtheit. Es handelt sich hierbei um kleine Standührchen, die durch Holzsockel, Glashaube und ein lustig vor dem Zifferblatt hin und her zappelndes Pendelchen charakterisiert sind. Sie wurden in einer Vielzahl von Ausführungen gebaut. Die Zifferblätter wurden mit getriebenem Silber oder mit Bronzeguß bzw. mit gefärbtem Messingblech verziert und zum Teil mit Ziersteinen besetzt. Auch ein Porzellan- oder ein Perlmuttdekor der Zifferblätter war sehr beliebt. Die Werke haben Rollen- oder massive Ankerhemmung. Die Gangzeit beträgt 30 Stunden. Die Höhe der Uhren liegt zwischen 80 mm und 140 mm. Zappler mit Schlagwerk gehören zu den großen Seltenheiten.

Die Meister hatten den Ehrgeiz, die Zappler immer kleiner zu bauen, wobei jeder den anderen übertreffen wollte. Beispielsweise kann ich mich an einen 1830 gebauten Zappler erinnern, der im letzten Krieg leider verloren ging. Seine Werkhöhe betrug nur 27 mm. Der Rollenanker hatte einen Durchmesser von 1,1 mm. Das 15 mm lange Pendelchen vollbrachte 29160 Schwingungen in der Stunde bzw. 8,1 Schwingungen je Sekunde. Die Glashaube war nicht viel größer als ein Fingerhut.

5.4. Uhren, die durch ihr Eigengewicht angetrieben werden

Sehr früh versuchten die Meister, das Eigengewicht von Gehäuse und Werk als Antriebskraft zu nutzen. Seit Mitte des 17. Jahrhunderts bauten sie Uhren mit schweren, kugelförmigen Gehäusen, die an einer Schnur oder Kette hängen, deren anderes Ende im Werk auf eine Welle gewickelt ist. Durch das Eigengewicht der Uhr wirkt über diese Welle auf das Hemmungsteil eine Kraft, die die Uhr in Gang hält. Gleichzeitig bewegt sich die Uhr langsam nach unten. Soll sie aufgezogen werden, muß man das Gehäuse anheben. Die Schnur bzw. Kette wickelt sich dabei selbsttätig wieder auf die Welle.

Eine andere Variante, das Eigengewicht als Antriebskraft zu nutzen, finden wir bei dosen- oder kugelförmigen Uhren, die auf einer schiefen Ebene langsam nach unten laufen. Dieser Ablauf wird durch ein Gegengewicht im Uhrwerk gebremst. Die Uhren wurden aber nur als Einzelstücke gebaut; denn ihre Zuverlässigkeit ließ viel zu wünschen übrig.

Eine weitere originelle Uhr, die aber mehr eine technische Spielerei darstellt, ist die Sägeuhr. Auch sie wurde nicht serienmäßig hergestellt. Trotzdem wurde sie von 1730 bis nach 1850 immer wieder von den Meistern als Modeuhr gebaut, und zwar entweder als Wanduhr oder als Standuhr. Bei beiden Uhrenarten bewegt sich das Gehäuse entlang einer senkrecht stehenden Zahnstange aus Eisen oder Messing. Diese Zahnstange ruht bei der Standuhr auf einem festen Bronze- oder Holzfuß, in den Bleiplatten eingearbeitet sind, um einen sicheren Stand zu gewährleisten. Standuhren haben eine Höhe von 300 mm bis 650 mm. Bei der Wanduhr ist die Zahnstange auf einem Wandbrett festgeschraubt. Die Gestaltung der Wandbretter variiert vom Barockstil bis zum Stil der Biedermeierzeit.

Das Werk hat bei beiden Uhrenarten die gleiche Bauart. Es ist meist mit Spindelhemmung und vor dem Zifferblatt schwingendem Pendel ausgerüstet. Wir treffen aber auch Rollen- und massive Ankerhemmung an. Die Gangzeit beträgt 1 Tag oder 8 Tage. Sägeuhren mit Schlagwerk sind sehr selten.

Wie schon gesagt, werden diese Uhren in der Regel allein durch ihr Eigengewicht angetrieben. Es gibt aber auch Sägeuhren mit Federaufzug, bei denen das Eigengewicht die durch die Federkraft erzeugte Antriebskraft nur unterstützt bzw. dieser sogar entgegenwirkt. Der erste Fall liegt bei Sägeuhren vor, deren Gehäuse durch eine starke Feder im Werk langsam nach unten gedrückt wird. Im zweiten Fall bewegt sich das Gehäuse der betreffenden Sägeuhren durch Federkraft an der Zahnstange nach oben. Damit nun beim Aufziehen einer Sägeuhr kein Schaden entsteht, sollte man sich vorher davon überzeugen, ob die Uhr von oben nach unten läuft oder umgekehrt.

5.5. Porzellan- und Majolikagehäuse

Nachdem es Johann Friedrich Böttger (1682 ... 1719) 1710 gelungen war, Porzellan herzustellen, rief August d. Starke, der prunkliebende Herrscher von Kursachsen, in den nachfolgenden Jahren namhafte Künstler nach Meißen, um die Fertigung von Kunstwerken aus Porzellan zu fördern. Einen Aufschwung nahm die Porzellanherstellung nach 1730, als der Modelleur *Johann Joachim Kaendler* (1706 ... 1775) und der Porzellanmaler *Gregor Höroldt* (1696 ... 1775) in die Manufaktur eintraten und einen neuen Stil entwickelten. Sie gingen von der bis dahin üblichen Darstellung chinesischer Motive ab und wandten sich der Darstellung einheimischer Motive zu. So schufen Kaendler und Höroldt Tafelgeschirr, Vasen, Dosen und Plastiken in neuen Formen und Farben. Es entstanden auch herrliche Uhrgehäuse, die mit Blumen und kleinen fröhlichen Putten, oft auch mit einer figürlichen Darstellung der Jahreszeiten, verziert sind.

In vielen Ländern entstanden weitere Porzellanmanufakturen, beispielsweise die Manufaktur in Wien und die „Manufacture royale des porcelaines de France“ in Sévres. Für alle diese Manufakturen waren Porzellan-Uhrgehäuse ein guter Exportartikel. Für den Export baute man die Gehäuse zweiteilig, so daß sie aus dem eigentlichen Uhrgehäuse und aus dem Gehäuseaufsatz bestanden, die beide farblich genau aufeinander abgestimmt wurden. Die für den Export gefertigten Gehäuseaufsätze erhielten eine figürliche Darstellung, die dem Geschmack des Auftraggebers bzw. dem im Exportland vorherrschenden Geschmack Rechnung trug. Ging die Lieferung z.B. nach Spanien, wurde der Aufsatz mit einem Tänzerpaar in spanischer Tracht versehen.

Die Uhrmacher bauten in die vorgefertigten Gehäuse Werke ein. Meistens verwendeten sie dafür das französische Pendulenwerk mit Ankerhemmung und Halbstundenschlag auf Bronzeglocke. Es ist deshalb nicht verwunderlich, daß Uhrgehäuse und Werk bei manchen Uhren zeitlich nicht zusammenpassen.

Sägeuhr, 1800
Spindelhemmung, Gesamthöhe 525 mm, Bleigehäuse, bronziert, Messingfuß mit Blei ausgegossen

Majolikauhr, 1890 Rollenankerhemmung, Werk aus Süddeutschland

Porzellanuhr, 1832
Ankerechapment, Vollstundenschlag auf Bronzeglocke, Gangdauer 10 Tage, Meißen

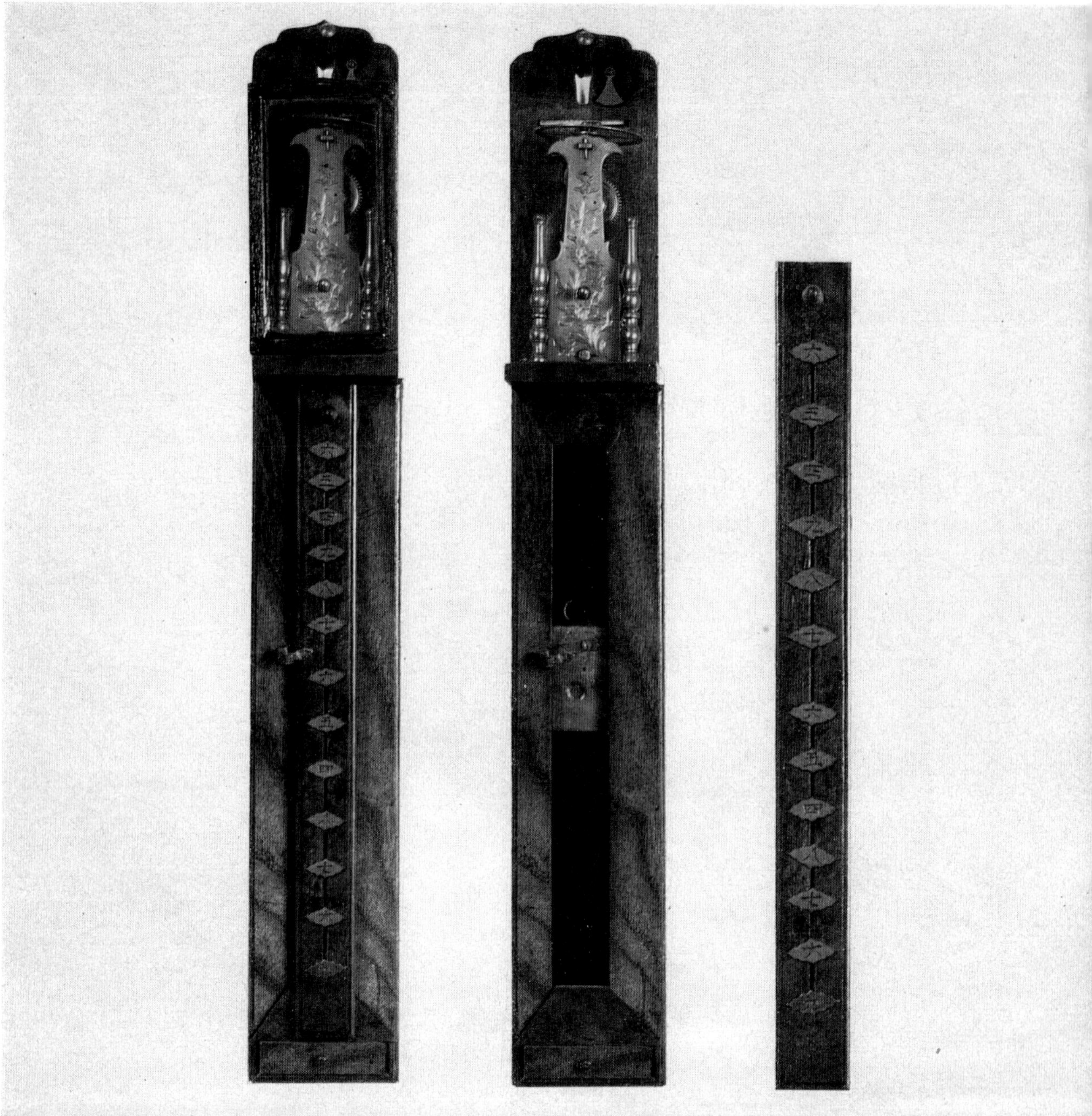

Japanische Wanduhr, 1760 Spindelhemmung, 370 mm hoch, Gangdauer 1 Tag

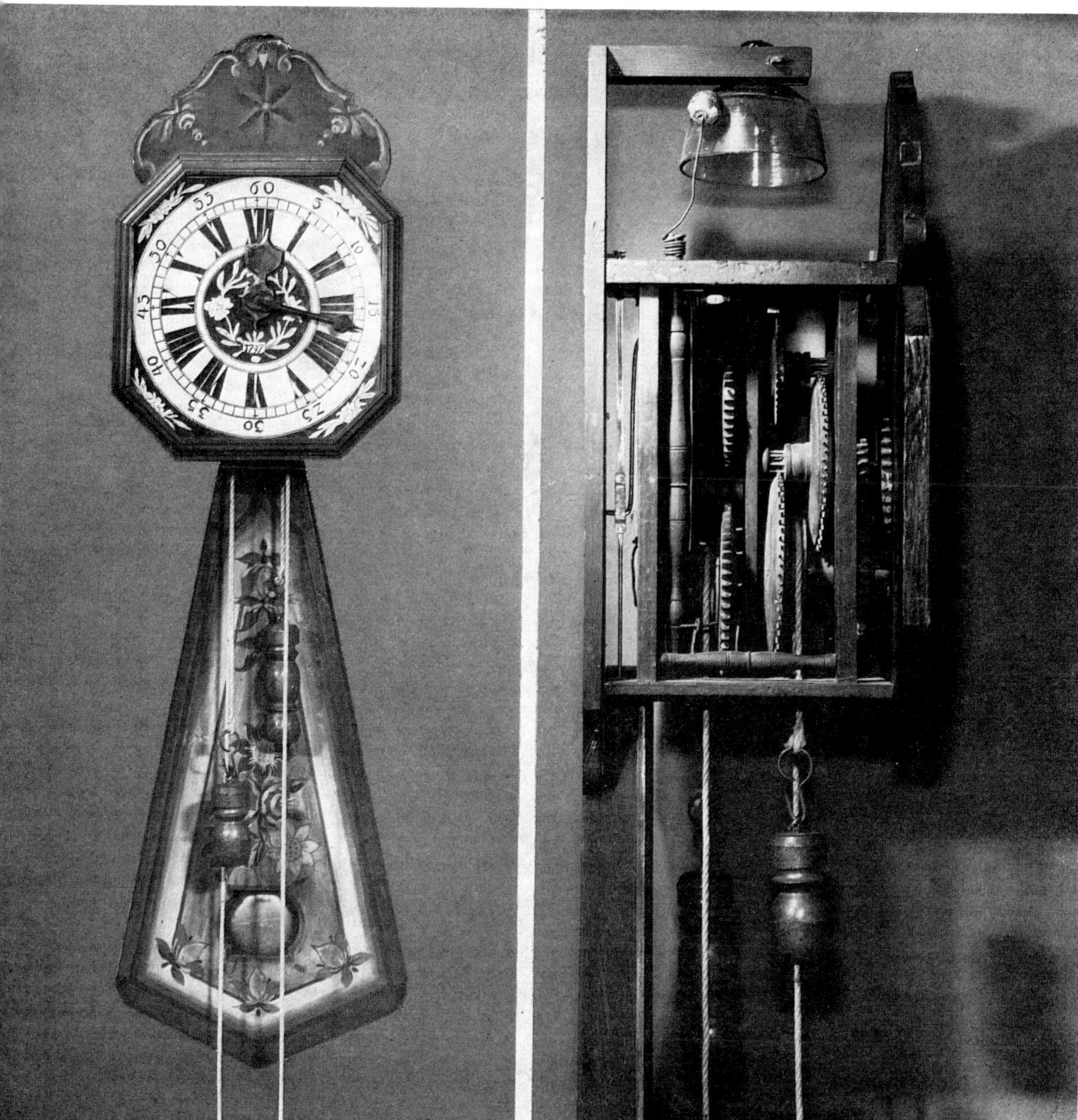

Schwalbenschwanzuhr, 1797
Clementhemmung, Vollstundenschlag auf Glasglocke, 2 Zeiger, Nordböhmen

Nachtuhr, 1900 Rollenankerhemmung, Glaszylinder wird von innen mit Schwimmlicht erleuchtet, dreht sich an feststehendem Zeiger vorbei

Kanzeluhr, 1630 Spindelhemmung mit Radwaag,
schlägt nach jeder Viertelstunde 1 Schlag auf Bronzeglocke, Gangdauer 90 Minuten

Schwarzwälder Holzuhr, 1782 Spindelhemmung, Vollstundenschlag auf Glasglocke, zweiter Zeiger für Viertelstunden, Anfangsbuchstaben der Namen von Braut und Bräutigam, Name des Spenders in Bogenbekrönung

Die Italiener fertigten farbiges Geschirr und ab 1760 farbige Uhrgehäuse aus Majolika, das sich infolge des niedrigen Preises schnell in Europa durchsetzte. Majolika, benannt nach der Insel Mallorca (italien. Majorca), besteht aus gebranntem Steinzeugton mit Feldspat und Quarz, der mit einer farbigen Glasur überzogen ist. Es kann als Zwischenstufe von Steingut und Porzellan angesehen werden. Majolika wird vor allem in Florenz, Venedig, Neapel und Gubbio hergestellt, um nur einige Städte zu nennen.

Die Gehäuseöffnung für das Werk ist viel kleiner als bei Porzellanuhren. Die Majolikauhr ist auch mehr als Gebrauchsuhr für den bürgerlichen Haushalt gedacht. In den Jahren um 1880 wurden viele Majolikagehäuse im Schwarzwald mit Werken versehen.

5.6. Eigenartige Uhren im Land der aufgehenden Sonne

In Japan führte wohl der Mikado Tenchi (ein japanischer Kaiser) im Jahr 671 u.Z. eine einheitliche Zeitzählung ein. Nach dieser Zählung wurden sowohl der lichte Tag als auch die dunkle Nacht in jeweils 6 Stunden (Temporalstunden) geteilt. Somit entsprechen jeder japanischen Stunde etwa 2 Stunden nach der heute international üblichen Zeitrechnung. Die japanische Stunde ist in 10 Koku oder auch bun geteilt. Ein Koku hat nochmals 10 rin. Bei der japanischen Zählweise ist auffällig, daß sie einerseits die Stunden rückläufig zählt und daß sie andererseits die Zahlen 1, 2 und 3 nicht verwendet. Die letztere Beobachtung läßt sich leicht erklären: Die erwähnten Zahlen waren bei den Japanern heilig. Sie durften nur von den Priestern, nicht aber vom einfachen Volk in der Öffentlichkeit verwendet werden. Überhaupt war es in Japan allgemein üblich, die Stunden nicht mit Zahlen, sondern mit Tiernamen zu bezeichnen. Damit sich das Volk an die eingeführte Zeitzählung gewöhnte, wurden die den Stunden zugeordneten Tiere als Kinderspielzeug aus gebranntem Ton nachgebildet. Außerdem wurde ein Feiertag, der „Tag der Zeit“, eingeführt. Dieser in Japan „Loo

Koku“ genannte Tag wurde immer am 10. Juni begangen und ist erst 1945 abgeschafft worden.

Japanische Stundenzählung

Tageszeit	Stunde	Zugeordnetes Tier	Aussprache des Tiernamens	Schriftzeichen des Tieres	der Zahl
Sonnenaufgang	6	Hase	u	卯	六
	5	Drache	tatsu	辰	五
	4	Schlange	mi	巳	四
Mittag	9	Pferd	uma	午	九
	8	Schaf	hitsuj	未	八
	7	Affe	saru	申	七
Sonnenuntergang	6	Vogel	tori	酉	六
	5	Hund	inu	戌	五
	4	Eber	i	亥	四
Mitternacht	9	Ratte	ne	子	九
	8	Stier	ushi	丑	八
	7	Tiger	tora	寅	七

Die Schlagfolge war ebenfalls anders als bei uns. Zu jeder vollen Stunde erklang eine festgelegte Anzahl von Glockenschlägen in einer ganz bestimmten Reihenfolge: Zunächst ertönte 1 Schlag. Nach einer Pause von 60 s folgten 2 weitere Schläge kurz hintereinander. Diese Schlagfolge kündete an, daß nunmehr der volle Stundenschlag erklingen würde. Nach etwa 20 s ertönte der erste Stundenschlag, in Abständen von etwa 15 s ertönten dann die weiteren Schläge. Nur der letzte Schlag erfolgte ohne Pause sofort auf den vorhergehenden. Damit wußte jeder, daß der Stundenschlag vollzählig war.

In der Zeit vor Erfindung der Räderuhr kamen die Japaner mit ihrer Stundenzählung gut zurecht. Als um 1500 die Kunde von der Erfindung einer mechanischen Uhr nach Japan drang, stand man ebenso wie in Europa vor dem Problem, daß die Temporalstunden je nach Jahreszeit unterschiedlich lang sind. Im Gegensatz zu den Europäern behielten aber die Japaner die Tageseinteilung in Temporalstunden bei. Sie entwickelten für ihre Bedürfnisse 3 Grundarten von mechanischen Uhren. Dazu gehören eine Wanduhr und eine Bodenstanduhr, die beide einen Gewichtsantrieb haben, sowie eine Federzuguhr.

Die *Wanduhr* (japanisch „sahku dokei") ist 350 mm bis 600 mm lang und 60 mm bis 80 mm breit. Sie hat Spindelhemmung mit Foliot oder Radwaag. Im Oberteil befindet sich das Werk in einem dreiseitenverglasten Kasten. Die Platinen sind mit Blatt- und Blumengravur verschönt. Ein Bleigewicht in der Größe einer Streichholzschachtel läuft in einem geschlossenen Gehäuse nach unten. An diesem Gewicht ist der Zeiger befestigt. Die Gangzeit beträgt 1 Tag. An der Vorderfront des Gewichtskastens ist eine abnehmbare Holzleiste mit verschiebbaren Stundenmarkierungen angebracht. Anhand einer Tabelle können die Stundenmarkierungen so eingestellt werden, daß sie die Temporalstunden, die je nach Jahreszeit von unterschiedlicher Dauer sind, richtig anzeigen. Bei einigen Wanduhren ist neben der Leiste mit den Stundenmarkierungen eine weitere Leiste aus Metall angebracht, auf der sogenannte Stundenlinien eingraviert sind. Diese Linien gestatten ebenfalls die richtige Einstellung der Stundenmarkierungen ohne Zuhilfenahme einer Tabelle.

Bei der *Bodenstanduhr* ist der Werkkasten auf hohe, geschweifte Füße gesetzt. Die gesamte Uhr ist 1200 mm bis 1600 mm hoch. Das Gewicht (meistens ein Feldstein) hängt an einer Schnurenrolle. Die Bauweise des Werkes ist mehr als eigenartig. Das Zifferblatt dreht sich von rechts nach links um einen feststehenden Zeiger. Dabei ist die Drehzahl bei Tag anders als bei Nacht. Um das zu erreichen, befinden sich im Gehwerk 2 Spindelräder mit je einer eigenen Spindel. Die beiden Spindeln unterscheiden sich nur durch die Größe des Foliot und der Schwingungszahl voneinander, d.h., das kleinere Foliot schwingt schneller als das größere. Beginnt die Stunde des

Hasen, wird die eine Spindel durch Hochheben oder Abfallen außer Betrieb gesetzt und durch die bis dahin in Ruhestellung befindliche Spindel abgelöst. Der gleiche Vorgang wiederholt sich zur Stunde des Vogels. An jedem Foliot befinden sich kleine Reguliergewichte, die je nach Jahreszeit verändert werden müssen und eine zusätzliche Beeinflussung der Drehzahl gestatten.

Das Schlagwerk hat einen einfachen Aufbau und ist technisch gut konstruiert. Bei Auslösung des Schlagwerkes wird eine mit besonderen Einschnitten versehene Schloßscheibe über mehrere Räder in Bewegung gesetzt. Der Schloßscheibe ist ein Rad zugeschaltet, das ebenfalls an einer Scheibe verschiedene Einschnitte hat und auf den Einfallhebel einwirkt. Die Schlagglocken haben einen sehr zarten Klang. Die Japaner verstanden es schon in der Frühzeit, wunderbare Bronzeglocken zu bauen, deren Klang die Götter versöhnen sollte.

Die *Federzuguhr* wurde wahrscheinlich erst gebaut, nachdem nach 1780 schon größere Mengen mechanischer Uhren aus Europa eingeführt worden waren. Das Werk befindet sich in einem dreiseitenverglasten Holzgehäuse, das sehr unserer Stockuhr ähnelt. Die Radwaag der beiden Spindeln schwingen über dem Werk und sind meistens von der Schlagglocke abgeschirmt.

Die Japaner wandten sich sehr schnell mit großem Geschick dem modernen Uhrenbau zu. Um 1800 begann der Japaner *Shogn* in Nagoya, Uhren zu bauen. In Yokohama gründete *Tavre Brandt* eine Manufaktur. 1850 stellte *Gremon Tanaka* aus Kyoto nach einer mehrjährigen Bauzeit die bekannte „Tausendjahruhr" fertig. Diese Uhr ist 600 mm hoch und hat 6 Zifferblätter. Sie zeigen die japanische Zeit, die europäische Zeit, die Jahreszeit (im alten japanischen Kalender gab es 24 Jahreszeiten), den Wochentag, den Monat und die Mondphase an. Der Aufzug erfolgt alle 400 Tage. Die Uhr bezeugt die Tüchtigkeit und das hohe handwerkliche Können der Japaner. Heute steht das Kunstwerk im großen Tempel von Kyoto.

Schon nach 1820 begannen einzelne Japaner, von der traditionellen Zeitrechnung abzugehen und sich der europäischen zuzuwenden. Aber erst am 1. Januar 1873 wurde die europäische Zeitrechnung durch Gesetz in Japan eingeführt. Damit wurde gleichzeitig der Startschuß zu einem großen Aufschwung der japanischen Uhrenfabrikation gegeben, entstand doch durch die Einführung der neuen Zeitrechnung ein enormer Bedarf an mechanischen Uhren im eigenen Land. In Yokohama entstand ein bedeutendes Uhrenzentrum. Es wurden nicht nur Großuhren, sondern auch tragbare Uhren hergestellt. Die Taschenuhren sind fast immer mit Zentralsekunde versehen. Sie haben meistens Zylinderhemmung mit einer fünfschenkligen Unruh aus Eisen. Das Werk ist mit feiner Ätztechnik verschönt.

Der 1. September 1923 war nicht nur für Yokohama, sondern für ganz Japan ein „schwarzer Tag". Yokohama wurde durch ein gewaltiges Erdbeben vernichtet. 200000 Tote waren zu beklagen. Ein bedeutender Teil der Uhrenindustrie Japans endete in Rauch und Asche. Doch die Japaner bauten unverdrossen die Fabriken wieder auf und begannen von neuem die Fabrikation von Uhren, ausgehend vom Höchststand der damaligen Technik.

5.7. Schwalbenschwanzuhren

An das Elbsandsteingebirge schließt sich östlich der Elbe das Lausitzer und das nordböhmische Bergland an. Es folgen das Iser- und das Riesengebirge. In diesen Gebirgszügen wurde eine in ihrer Form wohl einmalige Uhrenart gebaut. Um 1720 begannen die Bauern, ihre Möbel mit bunten Blumen, Blättern und allerlei Zierat zu bemalen. Die Weiterentwicklung dieser Gepflogenheit wurde zwar durch den 7jährigen Krieg (1756 … 1763) gehemmt, aber die Bevölkerung erholte sich verhältnismäßig schnell von den Nöten und Schäden des Krieges, so daß sich die Bauern wieder künstlerischen Tätigkeiten zuwenden konnten.

Fand eine Hochzeit statt, nahm das ganze Dorf daran Anteil. Alle waren auf der Straße, wenn das Brautgut auf einem Erntewagen zur künftigen Wohnung gebracht wurde. Mit Stolz zeigte das junge Paar den bunten Schrank, das Pfostenbett, die Kinderwiege, das Brothäusel mit dem Topfbrett und weiteres mehr. Nur ein Möbelstück fehlte unter den Einrichtungsgegenständen: Es gab zu dieser Zeit einfach keine Uhr, die zu den übrigen bunten Bauernmöbeln paßte. Für die Tischler ergab sich daher die Aufgabe, eine Uhr mit entsprechendem Gehäuse zu schaffen. Dazu benötigten sie zuerst einmal ein Uhrwerk. Leider wissen wir bis heute nicht, woher die Werke kamen. Fest steht, daß sie nicht aus dem Schwarzwald stammen, da ihre Abmessungen nicht mit den im Schwarzwald gebauten Werken übereinstimmen. Es wird stark angenommen, daß man die Werke aus Böhmen bezogen hat. Da sie sich in ihrer Bauweise sehr unterscheiden, kann darüber hinaus angenommen werden, daß die Werke in Heimarbeit gefertigt wurden, wobei die Stückzahl nicht sehr hoch gewesen sein kann.

Das lange Pendel schwingt in einem flachen, schwalbenschwanzförmigen Kasten, der mit einem bemalten Deckel versehen ist. Im Deckel befindet sich ein verglastes Fenster, durch das die schwingende Pendellinse zu sehen ist. Das Fenster ist meist rechteckig, kann aber auch eine Herz- oder Medaillenform haben. Da der Deckel im Volksmund „Schürze" genannt wurde, sprachen die Bauern auch vom „Schürzen-Seeger". Bei der Form des Zifferblattes könnte die Ochsenkopfform der Schwarzwälder Uhren Pate gestanden haben. Die Werke haben Hakenhemmung in unterschiedlicher Bauweise. Die Räder sind aus Holz oder halbmassiv, das Hemmungsrad ist allerdings immer aus Messing. Alle Uhren haben Schnurenaufzug und erhalten ihre Antriebskraft meistens durch einen Stein oder ein mit Sand gefülltes Säckchen.

In der Oberlausitz, im Iser- und im Riesengebirge wurde die Schwalbenschwanzuhr etwa ab 1770 gebaut. Sie ist eine Einzeigeruhr mit Wecker auf Glas- oder Bronzeglocke. Die Werke stehen hintereinander. Die Pendellänge beträgt etwa 700 mm. Bei den im Riesengebirge gebauten Uhren sind die Stundenzahlen sehr oft in das Zifferblatt eingebrannt. Die Uhren aus dem nordböhmischen Bergland haben viereckige Zifferblätter, die mit Hinterglasmalerei versehen sind. Das Innere des Zahlenkranzes wurde fast immer mit 3 Blumen und der Jahreszahl geschmückt, in dem die Uhr gebaut wurde. Die Jahreszahlen liegen zwischen 1790 und 1810. Stunden- und Minutenzeiger sind aus Messing. Die Uhren haben Stundenschlagwerk auf Glasglocke. Geh- und Schlagwerk sind ebenfalls hintereinander angeordnet. Eine besondere Form hat die Herrnhuter Bauernuhr. Sie zählt zwar auch zu den Schwalbenschwanzuhren, ihr Pendelkasten ist aber nicht schwalbenschwanzförmig. Die Herrnhuter Bauernuhr hat dafür am Pendelkasten eine rechteckige Ausladung, in der die Pendellinse schwingen kann. Das Zifferblatt ist viereckig und hat Stunden- und Minutenzeiger, wobei der Stundenzeiger über dem Minutenzeiger angebracht ist. Geh- und Schlagwerk sind nebeneinander angeordnet. Der Schlag erfolgt auf Glas- oder Bronzeglocke. Die Werke sind halbmassiv, die Messingräder haben Holzwellen. Die Pendellänge beträgt etwa 1000 mm. Für die Bemalung der Schwalbenschwanzuhr wurde wie auch bei den übrigen Möbeln blau, rot oder grün als Grundfarbe verwendet. An der Blumenmalerei kann man leicht erkennen, in welchem Gebirgszug die Uhr gebaut wurde. Nach 1815 änderte sich die Mode. Die Möbel wurden nicht mehr bemalt, so daß auch keine Nachfrage mehr nach Schwalbenschwanzuhren bestand. Die Uhrenhersteller übernahmen andere Arbeiten und gerieten schnell in Vergessenheit.

5.8. Die mechanische Kanzeluhr

Auf Wanderfahrten oder im Urlaub besuchen wir häufig alte Klöster und Kirchen. Wir erfreuen uns an der Architektur der Bauten und besichtigen die Kulturgüter, die darin aufbewahrt werden. Manchmal fällt unser Blick auch auf eine Uhr, die nur 4 Zahlen am Zifferblatt hat. Die meisten Betrachter wissen damit nichts anzufangen und gehen achtlos vorüber. Dabei sind diese Uhren Meilensteine in der technischen Entwicklung der Zeitmesser.

Ich hatte bereits über die Verwendung der Sanduhren in Kirchen berichtet: Der Geistliche orientierte sich bei der Gestaltung des Gottesdienstes nach der von der Sanduhr gemessenen Zeit. Die mechanische Kanzeluhr, die ab 1570 in Gebrauch kam, hatte den gleichen Zweck, nur war sie nicht so störanfällig wie die Sanduhr und hatte auch eine höhere Ganggenauigkeit.

Klöster und Kirchen erhielten eine Kanzeluhr meistens vom jeweiligen Landesfürsten oder Gutsherren geschenkt. Das schmiedeeiserne Werk hat Spindelhemmung mit Radwaag sowie Schnurenaufzug. Vom Einzeigerzifferblatt können nur die Viertelstunden abgelesen werden. Hinter dem Gehwerk befindet sich das Schlagwerk. Nach Ablauf jeder Viertelstunde wird die große Bronzeglocke über dem Werkkasten angeschlagen. Auf diese Weise hatte der Geistliche früher eine gute Übersicht über den Ablauf des Gottesdienstes, eingeduselte Gläubige wurden durch den Glockenschlag aufgeweckt und zur Andacht ermahnt. Trat der Geistliche an den Altar, mußte der Kirchendiener das Gewicht anhängen und die Uhr in Gang setzen. Die Gangzeit beträgt häufig nur 1½ Stunden. Die Gehäuse sind meistens im gleichen Stil bemalt wie die Innenwände der betreffenden Kirche.

Ab 1720 wurden eiserne Kanzeluhren mit Spindelhemmung und Pendel vor dem Zifferblatt gebaut. Die Zifferblätter aus Eisenblech wurden in einen Holzrahmen eingefaßt. Nach 1750 wurden die Kanzeluhren mit Messingrädern sowie mit Hakenhemmung und Pendel versehen. Recht interessant ist, daß diese Uhren zusätzlich einen Stundenzeiger haben. Da auf dem Zifferblatt nach wie vor nur die Viertelstunden angegeben sind, müssen die angezeigten Stunden geschätzt werden.

Heute stehen die meisten Kanzeluhren still und werden nicht mehr benutzt. Trotzdem werden sie gepflegt und der Nachwelt als Kulturgut erhalten.

5.9. Nachtuhren

Nachdem die mechanische Uhr schon in unzählige Wohnungen Eingang gefunden hatte, wurde vielfach der Wunsch geäußert, eine Uhr zu bauen, von der man auch nachts die Zeit ablesen kann. Zwar erleuchtete man damals das Schlafzimmer auch während der Nacht durch eine Tranfunzel, dieses Licht reichte aber bei weitem nicht aus, um die Zeiger einer Uhr vom Bett aus zu erkennen. Bei den Uhren dieser Zeit betrug ja die Fallhöhe des Gewichtes etwa 2 m, weshalb die Uhr sehr hoch aufgehängt werden mußte.

Ausgang des 14. Jahrhunderts war die sogenannte Camera obscura bekannt. Mit Hilfe dieses Apparates konnten Bilder an die Wand projiziert werden. In der Staatsbibliothek in München existieren darüber Aufzeichnungen aus dem Jahr 1420. 1558 machte Johann Baptist Porta mit der Camera obscura die unterschiedlichsten Experimente. Kein Wunder, daß auch die Uhrmacher davon hörten und versuchten, das Zifferblatt und die Zeiger einer Uhr an die Wand zu projizieren. Vor allem waren es Uhrmacher aus Italien und aus Süddeutschland, die sich nach 1600 der Sache annahmen. England und Holland folgten.

So entstanden Nachtuhren in verschiedenen Ausführungen, von denen ich hier nur einige nennen möchte:

Aus dem Jahr 1630 ist uns die genaue Beschreibung einer Uhr mit Projektion erhalten, die von dem Uhrmacher *Topfler* aus Augsburg stammt. Nachdem im gleichen Jahr die Laterna magica (Zauberlaterne) entwickelt worden war (wahrscheinlich von dem Jesuiten A. Kirchner), konnte die Projektion enorm verbessert werden, so daß dieses Problem prinzipiell gelöst war.

Der Uhrmacher *Giuseppe Campani* aus Rom schenkte dem Papst Alexander VII. (Papst von 1655 bis 1667) eine prachtvolle Einzeigernachtuhr, die das Zifferblatt an die Decke des Schlafzimmers projizierte. In München baute der Uhrmacher *Georg Mayer* 1680 eine Einzeigernachtuhr mit Stutzuhrgehäuse. Ein Kupferstich aus dem

Jahr 1725 von Johann August Corvinus zeigt ein Schlafzimmer mit an die Wand projiziertem Zifferblatt.

Die Nachtuhren hatten alle einen großen Nachteil: Das Rüböl der Lampe verbreitete im Schlafzimmer einen üblen Geruch. Aus diesem Grunde stellte man die Uhr in einem Nebenzimmer auf. Durch die Wand zum Schlafzimmer bohrte man dann ein kleines Loch, in das ein Teleskop gesteckt wurde.

Um 1730 wurden die Nachtuhren wesentlich verbessert. Die Zeiger fielen weg. Statt dessen dreht sich ein Glaszifferblatt in 12 Stunden einmal um seine Achse. Vor dieses Zifferblatt stellt man eine Eisenplatte, die im Oberteil einen Ausschnitt hat, so daß nur jeweils 3 Zahlen sichtbar sind. Wird nun das Glaszifferblatt von hinten mit einer Kerze beleuchtet, so kann vorn auch des Nachts die Zeit abgelesen werden. Die Blechplatte ist meistens mit kirchlichen Szenen bemalt. Die Werke sind vor allem in Stutzuhrengehäuse eingebaut.

Um 1780 kamen neue Formen von Nachtuhren auf den Markt. Dazu gehören eiserne Rahmenuhren, die aus einem gußeisernen Fuß bestehen, der oben einen Rahmen trägt. In dem Rahmen befindet sich ein Milchglaszifferblatt, in dessen Mittelpunkt ein kleines Gehwerk befestigt ist. Auf einem schwenkbaren Arm steht hinter dem Zifferblatt eine Kerze. An der Schattenbildung von Zifferblatt und Zeiger läßt sich die Zeit leicht erkennen. Eine weitere neue Form finden wir bei pokalförmigen Nachtuhren mit starr stehendem Zeiger. Hier dreht sich der Milchglaszylinder mit den Stundenzahlen in 12 Stunden an dem starren Zeiger vorbei. In gleicher Art wurden um 1840 Nachtuhren für die Reise gebaut, die in schönen Lederetuis aufbewahrt werden. Nach 1900 lösten das elektrische Licht und Zifferblätter mit selbstleuchtenden (phosphoreszierenden) Zeigern die Nachtuhren ab.

5.10. Uhren des Schwarzwaldes

Der Schwarzwald mit seinen bewaldeten Höhen und seinen tiefen, dunklen Tälern gehört wohl zu den schönsten Landschaftsgebieten unserer Erde. Weit verstreut an den Hängen der Berge liegen die Gehöfte der Bauern. Jeden Winter ist alles tief verschneit. Die Gehöfte waren dann früher für mehrere Monate von der Außenwelt abgeschnitten, und die Bauern mußten einen harten Kampf gegen die Natur führen. Schwer war die Arbeit und gering der Verdienst. Die Bauernhöfe wurden früher so gebaut, daß Stallung und Wohnräume zusammen in einem Gebäude untergebracht waren. Unter dem hohen Spitzdach des Hauses lagerte genug Futter; denn im Winter waren Mensch und Vieh an das Gehöft gebunden. Man mußte das Vieh versorgen und tatenlos abwarten, bis der Frühling seinen Einzug hielt. Der Wald gab genügend Holz, und so vertrieb man sich die Zeit mit dem Schnitzen von kleinen Windmühlen oder von Wassermühlen mit Hammerwerken, die dann im Sommer im Freien zur allgemeinen Freude aufgestellt wurden.

Es muß um das Jahr 1640 gewesen sein, als irgendein Schwarzwälder Bauer die Idee hatte, im Winter eine Holzuhr herzustellen. Die ersten, die diesen Gedanken aufgriffen, sollen die Gebrüder *Kreutze* vom Glashof auf der Rödeck gewesen sein. Wahrscheinlich hatten sie gute Unterstützung durch den Pater *Peter Kalteisen* (gest. 1667) vom Kloster St. Peter in Waldau. Wie mögen sie sich gemüht haben, mit Schnitzmesser, Säge und Feile die Räder herzustellen. Auf Anhieb wird die erste Uhr kaum gelungen sein. Zu groß waren die Schwierigkeiten, da jegliche Erfahrung fehlte. Das wird auch der Grund sein, weshalb aus der Anfangszeit keine Uhr erhalten geblieben ist. Der erste geglückte Versuch sprach sich natürlich schnell herum. So unternahmen bald auch andere Bauern den Versuch, eine Uhr herzustellen. 1690 soll der Schreiner *Lorenz Frey*, der in St. Märgen wohnte und den Spitznamen Hackbretterlenz trug, eine nicht aus dem Schwarzwald stammende Holzuhr ausgemessen haben. Woher kam diese Uhr? Wahrscheinlich aus einem Schweizer Kanton. In den

Kantonen Davos, Appenzell und im Berner Oberland wurden ja auch Holzuhren gebaut. Wie dem auch sei – Lorenz Frey gelang ebenfalls der Bau einer Holzuhr, so daß er seinen kärglichen Verdienst etwas aufbessern konnte. Zu den frühen Uhrenbauern gehört weiterhin der Kübler *Simon Henniger* aus Stockwald bei St. Georgen.

Die ersten Holzuhren haben nur 3 Räder. Die Spindel mit der Waag steht senkrecht im Werk auf einer Grundplatte. Später ist die Spindel an einem Faden über dem Werkkasten aufgehängt worden, um die Reibung zu vermindern. Am Stundenzeiger ist eine Einsteckscheibe für den Wecker befestigt. In der Einsteckscheibe befinden sich für die jeweilige Weckzeit Löcher, in die ein Eisenstift gesteckt wird. Der Wecker erfolgt auf Glasglocke. Alle Uhren haben Schnurenaufzug mit einem Feldstein als Gewicht.

Während des Spanischen Erbfolgekrieges (1701 ... 1714) mußte der Uhrenbau zurückstehen, weil durch den Schwarzwald ziehende Kriegshorden die Gehöfte plünderten und brandschatzten. Erst nach dem Friedensschluß zog wieder Ruhe und Ordnung ein, und dem Tagewerk konnte ohne Störung nachgegangen werden.

Um 1720 erhielt die Schwarzwälder Holzuhr einen zweiten Zeiger: den Viertelzeiger. Dieser war unter dem Stundenzifferblatt an einem gesonderten Zifferblatt mit römischen Zahlen angebracht. Merkwürdig ist aber, daß einige Uhrenbauer bis um 1790 noch Uhren bauten, die nur einen Stundenzeiger hatten.

Als weitere Neuerung erhielten die Holzuhren 1725 ein Stundenschlagwerk. Man baute es hinter das Gehwerk. Später kamen noch das Viertelschlagwerk und das Weckwerk hinzu. Uhren mit 4 hintereinanderliegenden Werken standen bis zu 350 mm von der Wand ab. Hatte sich später der Holzwurm eingeschlichen, stürzten die Uhren infolge der hohen Gewichtsbelastung von der Wand. Daher gehören Uhren mit 4 Werken heute zu den großen Seltenheiten. Der Schlag erfolgte ebenfalls auf Glasglocken, die über dem Werkkasten angebracht waren.

Nachdem die Uhrenbauer erfahren hatten, daß die Waag durch ein Pendel ersetzt werden konnte, baute wohl *Christian Wehrle* aus Simonswald 1730 erstmals eine solche Uhr. Er stellte das Hemmungsrad senkrecht in das Werk, die Spindel legte er waagerecht. An dem vorderen Spindelzapfen, der weit vor das Zifferblatt ragte, befestigte er das Pendel. Auf diese Weise schwang es lustig vor den Zeigern hin und her, weshalb es „Kuhschwanzpendel“ genannt wurde.

1735 vereinigte man die beiden getrennten Zeiger, indem der Viertelzeiger in den Zahlenkranz des Stundenzeigers verlegt wurde. Der Stundenzeiger war aber nach wie vor größer als der Minutenzeiger. Schließlich beschriftete man das Zifferblatt so, daß am Viertelzeiger alle 5 Minuten, später dann sogar die einzelnen Minuten abgelesen werden konnten. Der Stundenzeiger verlor seine Vorherrschaft über das Zifferblatt an den Minutenzeiger, der künftig länger als der Stundenzeiger gebaut wurde.

Mit der Zeit beschäftigten sich immer mehr Bauern mit dem Uhrenbau. Jeder versuchte, erprobte und ersann etwas Neues. Da glückte es *Franz Ketterer* (1676 ... 1745) aus Schönwald 1736, eine Kuckucksuhr vollkommen aus Holz herzustellen. Den Kuckuck, der in der Natur so groß wie eine Taube ist, hatte er in Originalgröße nachgebildet. (Der Kuckuck ist ja bei weitem nicht so winzig wie die in den modernen Kuckucksuhren eingebauten Vögel.) Die beiden Kuckuckspfeifen legte er über den Werkkasten. Vor dem Kuckucksruf erfolgte erst der Stundenschlag auf eine Glasglocke. Die ersten Kuckucksuhren hatten Schnurenaufzug und Kuhschwanzpendel. Diese Erfindung regte dazu an, auch andere Tierstimmen als Zeitkünder zu bauen. So finden wir heute Uhren, in denen der krähende Hahn, die meckernde Ziege, der bellende Hund und viele andere Tiere nachgeahmt werden. Diese Uhrentypen setzten sich aber nicht durch. Nur die Wachteluhr, oft mit dem Kuckucksruf gekoppelt, hat sich bis in unsere Zeit erhalten.

Die Glasglocken waren bei den Uhrenbauern nicht sehr beliebt, da beim Transport der Uhren oder durch unsachgemäße Behandlung die Glocken zersprangen. Deshalb versuchte *Friedrich Dilger* 1740, Metallglocken herzustellen. Die von ihm gefertigte Anzahl von Glocken war aber sehr gering, weshalb er nicht so recht zum Zuge kam.

Erst um 1780 glückte es *Paulus Kreutz* (1730 ... 1809) auf der Hohritte bei St. Peter, Metallglocken in großer Menge herzustellen, womit er die Glasglocken vom Markt verdrängte.

Um 1770 wurde die Technik im Uhrenbau entscheidend verändert: Man führte die Blechankerhemmung ein. Die Voraussetzung hierzu war, daß man im Gehwerk das Hemmungsrad aus Metall herstellte. Die Holzzeiger verschwanden ebenfalls und wurden durch gegossene Metallzeiger ersetzt. Nach und nach wurden alle Räder des Gehwerkes aus Messing hergestellt. Die Wellen fertigte man aber noch längere Zeit aus Holz. Diese Werke tragen deshalb die Bezeichnung „halbmassiv". Das unsichere Schnurenrad ersetzten die Uhrenbauer durch das Kettenrad, obwohl die Anfertigung der Kette zunächst noch Sorgen bereitete. Die ganze, eben genannte Entwicklung geschah aber nicht schlagartig, sondern vollzog sich sehr langsam.

Eine bedeutende Uhr, die 1787 von *Thaddäus Rinderle* (1748 ... 1824) gebaut wurde, möchte ich gesondert anführen. Dieses einmalige Kunstwerk des Schwarzwaldes mit seiner Vielzahl von astronomischen und geographischen Angaben stellte er in verhältnismäßig einfacher Bauweise her. Heute befindet sich die Uhr im Furtwanger Uhrenmuseum.

Die Nachfrage nach Uhren aus dem Schwarzwald wurde immer größer. Um die Aufträge erledigen zu können, arbeiteten um 1800 schon mehrere Familien Hand in Hand. Bald entstanden die ersten Manufakturen. Uhren mit Halb- und Langpendel, Flöten- und Glockenspieluhren, Trompeter- und Automatenuhren erschienen auf dem Markt und fanden guten Absatz. Die Zifferblätter erhielten eine schöne, bunte Blumenmalerei. Es folgten Uhren mit Porzellanzifferblättern und Rahmenuhren mit Blechplatte, auf der in Öl gemalte Landschaftsmotive zu sehen sind.

Die Mitte des 19. Jahrhunderts ist ein Wendepunkt in der Geschichte der Schwarzwälder Uhrmacherei; denn in diesem Jahr entstanden die ersten Uhrenfabriken, die sich sehr schnell entwickelten. Durch den Einsatz von Maschinen konnten die Uhren in hoher Stückzahl hergestellt werden. Die Fabriken vergrößerten sich mehr und mehr und beschäftigten um 1900 schon über 12000 Arbeiter. Die produzierte Stückzahl an Uhren stieg auf 11 Millionen an. Viele kleinere Betriebe wurden von größeren Unternehmen übernommen. Es bildeten sich gewaltige Konzerne, die auch heute noch die Uhrenfertigung im Schwarzwald beherrschen.

5.11. Von der Wiener Bretteluhr zum Regulator

Wieder müssen wir unsere Blicke auf Wien richten. Dort entwickelten die Meister um 1780 eine neue Uhrenart, die sich bei der Bevölkerung schnell großer Beliebtheit erfreute. An einem einfachen, schmalen Holzbrett hängt eine kleine Pendeluhr. Das Werk erinnert an das bei den Wiener Portaluhren verwendete. Es hat massive Ankerhemmung sowie einen einfachen Schnurenaufzug. Das etwa 500 mm lange Pendel hängt an einem Faden. Ein Rechenschlagwerk löst alle halbe Stunde den Schlag auf eine Tonfeder aus. 10 Jahre später setzten die Meister das Werk der Bretteluhr in einen geschlossenen Kasten. Das Pendel schwang jedoch weiterhin frei vor dem Brett. Natürlich gab es auch Kunden, die höhere Anforderungen an eine Wanduhr stellten. So entstand um 1800 die Wiener Laterndluhr, auch Wiener Regulator genannt. Diese Uhrenart hat ein starkes Messingwerk mit Grahamhemmung. Die Uhren haben ¾-Sekunden- oder Sekundenpendel sowie Halbstunden- oder auch Viertelstundenschlagwerk mit Tonfeder. Der Schnurenaufzug ist durch den Darmsaitenaufzug ersetzt, bei dem das Gewicht an einer Rolle hängt. Die Gangzeit beträgt etwa 8 Tage. Das Werk befindet sich in einem vollkommen verglasten Gehäuse, das handwerklich hervorragend verarbeitet ist.

Aus der Form der Laterndluhr entstand dann 1810 der einfache Gewichtsregulator. Das Werk hat ebenfalls Grahamhemmung sowie zum Teil Halbstunden-, zum Teil auch Viertelstundenschlagwerk mit Tonfeder. Es zeichnet sich besonders durch seine hohe Ganggenauigkeit aus. Kein Wunder, daß mit dieser Uhr ein gutes Exportgeschäft gemacht wurde.

Nach 1850 begannen auch die Uhrenkonzerne in anderen Ländern mit dem Bau von Gewichtsregulatoren, z.B. in Deutschland, in der Schweiz und in Frankreich. Eine riesige Anzahl von Gewichtsregulatoren stellte *Gustav Becker* (1819 ... 1885) aus Freiburg im ehemaligen Schlesien her. Er belieferte besonders die Dienststellen der Deutschen Post und der Eisenbahn sowie den Innen- und Außenhandel.

1880 brachten die Fabrikanten der Schwarzwälder Uhrenindustrie einen Regulator mit Federzug heraus, der sich schnell als Neuerung durchsetzte. Viele von uns werden sich noch an den „Adler-" oder „Pferdchenregulator" unserer Großeltern erinnern. Regulatoren als Freischwinger mit viel Zierat kamen 1900 in den Handel. 1910 erhielt das Werk wieder einen geschlossenen Kasten, der Schlag erfolgt auf Stahlstäbe. In den folgenden Jahren wurde der Regulator dann nach und nach von anderen Uhrenarten vom Markt verdrängt.

5.12. Die akustische Zeitvermittlung

Wenn wir an den Ursprung der akustischen Zeitvermittlung gelangen wollen, müssen wir das Rad der Geschichte weit zurückdrehen. Denn schon seit 3000 v.u.Z. wurden in den antiken Hochkulturen Babylons und Ägyptens die abgelaufenen Stunden durch Zeitrufer verkündet. In China ließ man um 2500 v.u.Z. statt dessen als Trommeln dienende Bambusrohre oder große Metallgongs ertönen. Um 1000 v.u.Z. wurde in verschiedenen asiatischen Ländern hoher Kultur zu jeder vollen Stunde an große, gegossene Bronzeglocken geschlagen. 610 u.Z. bestimmte der Prophet Mohammed u.a., daß der Muezien 5mal am Tage vom hohen Minarett aus die Gläubigen zum Gebet zu rufen hätte. Das führte bald dazu, daß die gesamte arabische Welt ihren Tagesablauf nach dem Ruf des Mueziens richtete.

Wachteluhr, 1880 Blechankerhemmung, Kuckuck- und Wachtelruf von 1 Gewicht angetrieben

Regulatorwerk, 1900 Grahamhemmung, seltene, geräuschlose Schlagwerkauslösung

Sprechende Uhr, 1903
Clementhemmung, viertelstündige Zeitansage, Sprechband mit 96 Rillen, Abtastung mit Achatstift

Oben rechts: Dose, 1550 oben links: Ei, 1570 unten: Werk von Ei, 1580
Spindelhemmung mit Borste, Bronzegehäuse, feuervergoldet

Ab 700 u. Z. erhielten die Kirchen in Europa Metallglocken. Bald verbreitete sich der Brauch, daß die Glöckner nicht nur vor Beginn der Gottesdienste die Glocken läuten, sondern auch zu jeder vollen Stunde mit einem Hammer anschlagen mußten. In kleinen Städten oder Dörfern, die sich noch keine Glocken leisten konnten, hatte der Türmer die Zeit mit einem Hornsignal zu verkünden.

In den alten deutschen Reichsstädten mußte während der Nacht der Nachtwächter für Ruhe und Ordnung sorgen. Darüber hinaus hatte er die Aufgabe, die Stunden auszurufen (etwa ab 1500). Der Beruf des Nachtwächters verlor aber nach 1800 langsam an Bedeutung, als viele Stadtmauern und Befestigungen abgerissen wurden, weil sie ihre militärische Bedeutung verloren hatten. Später erhielten die Städte sogar eine Straßenbeleuchtung. In den Dörfern lebte der Beruf des Nachtwächters jedoch noch lange weiter. Vor dem ersten Weltkrieg besuchte ich als Kind in den Schulferien häufig meine Großeltern, die in einem kleinen Dorf im Erzgebirge lebten. Dort bin ich oft nachts aufgeschreckt worden, wenn der Nachwächter ins Horn stieß und die Zeit ausrief.

Ebenfalls nur noch in Gebirgsorten und Landgemeinden hat sich der Brauch des Angelus-Läutens erhalten. Das Läuten der Glocken soll die Gläubigen um 6.00 Uhr, um 12.00 Uhr und um 18.00 Uhr zum Gebet rufen.

Die Seefahrer hatten ein großes Interesse daran, vor dem Auslaufen auf große Fahrt noch einmal die Zeit vergleichen zu können. In den Häfen von Amerika wurde deshalb seit 1855 um 12.00 Uhr Ortszeit das Zeitsignal mit einer Dampfpfeife gegeben. In einigen Häfen wurde auch um 12.00 Uhr ein Mörser abgeschossen.

Nach 1800 wurde es möglich, die Zeit durch drahtlose Telegrafie zu übermitteln. In den ersten Jahren gab es hier zwar noch viele technische Mängel, und durch das Umrechnen der Ortszeiten traten Fehlerquellen auf. Heute ist die Zeitübermittlung aber kein Problem mehr. Telefon und Radio übermitteln sie auf die Sekunde genau in alle Erdteile und sogar in den Kosmos.

Eine interessante Uhrenart wurde 1903 von *Bernhard Hiller* in Berlin entwickelt und gebaut. Diese Uhren vermittelten die Zeit nicht nur optisch über ein normales Zifferblatt und zwei Zeiger, sondern auch akustisch. Viertelstündlich wurde die Zeit angesagt, etwa so, wie heutzutage bei der telefonischen Zeitansage. Dazu hatten die Uhren ein mit 96 Rillen versehenes Sprechband, von dem der Ton mit einem Achatstift mechanisch abgetastet wurde. Quadfasel, ein ehemaliger Mitarbeiter Edisons, hatte die Bänder besprochen. Leider sind nur sehr wenige dieser Uhren erhalten geblieben. Eine große Stückzahl sollte in die USA exportiert werden. Durch die Feuchtigkeitseinwirkung während der Schiffsreise rissen aber die Sprechbänder, so daß die Uhren nicht mehr funktionstüchtig waren und von den verärgerten Seeleuten über Bord geworfen wurden.

6. Die Erfindung der tragbaren Uhr

Um 1500 stand die alte Reichsstadt Nürnberg in höchster Blüte. Viele berühmte Künstler, Geistesschaffende und Handwerker waren Söhne dieser Stadt. Ich möchte hier nur einige der ganz Großen nennen:

Veit Stoß	1445 ... 1533
Adam Kraft	1455 ... 1509
Martin Behaim	1459 ... 1507
Peter Vischer	1460 ... 1529
Albrecht Dürer	1471 ... 1528

Aber auch ein junger Schlosser machte seiner Vaterstadt Ehre: *Peter Henlein* (1479 ... 1542). Am 16. November 1509 wurde er vor der Zunft als Meister eingetragen. Seine ganze Liebe galt den mechanischen Uhren. Bis zu dieser Zeit waren nur Uhren, die einen festen Standort (Wand, Konsole oder Fußboden) benötigten, allgemein bekannt. Sobald diese Uhren irgendwie bewegt wurden, blieben sie sofort stehen. Als einer der ersten beschäftigte sich Henlein nun mit dem Gedanken, eine Uhr zu bauen, die man herumtragen kann, ohne daß sie stehen bleibt. Ihm war klar, die Uhr mußte eine Zugfeder haben; denn diese Antriebsquelle hatte sich schon bei einzelnen Konsoluhren bewährt.

Zur Herstellung einer Zugfeder dürften die Uhrmacher bereits um 1480 durch die Plattschlosser angeregt worden sein, die Druckfedern für Türschlösser herstellten.

Allerdings war es für die Uhrmacher sehr schwierig, eine genügend kleine Feder zu schmieden, die die erforderlichen Belastungen aushielt, ohne zu zerspringen. Durch ständiges Glühen und Schmieden war die Anfertigung eines solchen elastischen Eisenbandes aber möglich. Zum Schluß beseitigte man die durch das Schmieden entstandenen Unebenheiten durch Längsschleifen, härtete das Federband nochmals und ließ es purpurrot bis blau anlaufen. Zum Einfetten der Feder benutzte man Schweineschmalz, vermischt mit Graphit.

Bei der Anwendung der Zugfeder können wir einige Entwicklungsstufen feststellen. Bei den ersten Uhren lag die Feder meistens frei zwischen den Werkpfeilern. Später baute man die Feder in ein Gehäuse, die sogenannte Trommel, ein. Die Feder hatte als Antriebsquelle einen großen Nachteil: Zog man die Feder voll auf, wirkte eine relativ große Anfangskraft auf das Räderwerk. Entspannte sich die Feder, ließ auch die von der Feder ausgeübte Kraft ganz merklich nach, was sich ungünstig auf die Ganggenauigkeit auswirkte. Die Meister waren deshalb bemüht, nur die mittlere

Schneckenaufzug einer älteren Großuhr

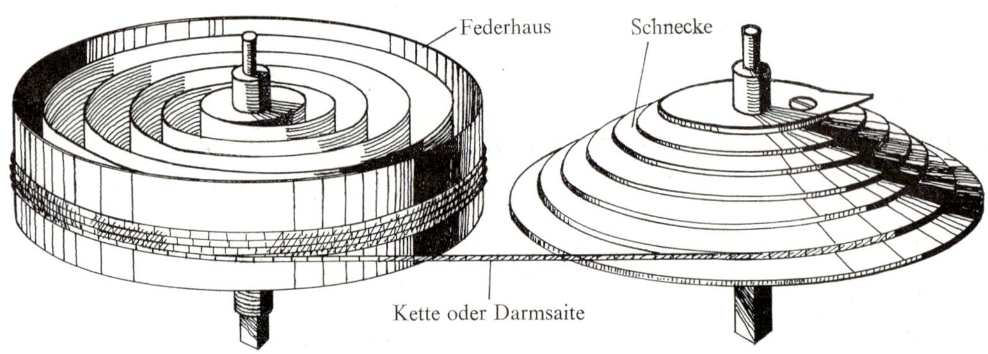

Federkraft für den Antrieb auszunutzen. Mit der Zwischenschaltung einer Schnecke war das erreicht.

Peter Henlein hatte aber noch ein weiteres Problem zu lösen: Eine tragbare Uhr benötigte auch ein geeignetes Hemmungsteil. Dazu benutzte er die bekannte Spindel-

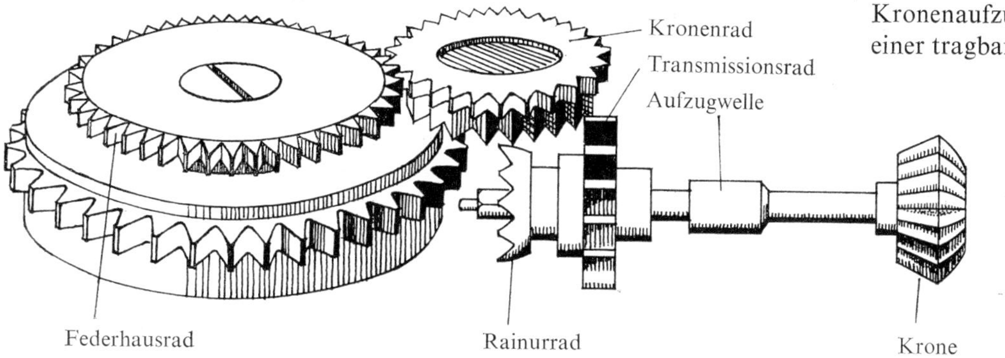

Kronenaufzug einer tragbaren Uhr

hemmung mit einer löffelartigen Waag. Die Federkraft erwies sich jedoch als zu gering, um die Waag abbremsen und ihre Bewegungsrichtung umkehren zu können. Deshalb befestigte Henlein eine aufrecht stehende Borste so im Werk, daß die Waag bei jeder Schwingung an die Borste schlug und von dieser federnd zurückgestoßen wurde. Damit hatte Peter Henlein 1510 die Lösung gefunden. Die Uhr ging, ganz gleich, in welcher räumlichen Lage sich das Werk befand.

Die Nachricht, daß in Nürnberg tragbare Uhren hergestellt wurden, verbreitete sich rasch. Der Schullehrer Johannes Doberzeck, bekannt als Cocleus, schreibt 1512 im Anhang der „Cosmographia Pomponii Melae“: „Es werden täglich subtilere Dinge erfunden. So macht Peter Hele, ein noch junger Mann, Werke, welche die Bewunderung selbst der größten Mathematiker erregen, denn er baut aus wenig Eisen Uhren mit sehr vielen Rädern, welche, wie man sie auch legen mag und ohne alles Gewicht, 40 Stunden zeigen und schlagen, gleichviel ob sie im Busen oder in der Geldbörse getragen werden.“ Dieser Bericht ist die älteste Niederschrift über eine tragbare Uhr. Der lateinische Text wird meistens mit dem Wortlaut übersetzt, in dem er auch hier wiedergegeben ist. Er enthält damit die Aussage, daß die von Peter Henlein gefertigten tragbaren Uhren 40 Stunden gingen und schlugen. Ich habe viele Museen besucht, bekannte Sammler befragt und Kataloge zu Rat gezogen, aber für eine tragbare Uhr mit Schlagwerk habe ich kein frühes Belegstück gefunden. Deshalb vermute ich, daß hier ein Mißverständnis vorliegt. Mit dem Wort „schlagen“ meint der Verfasser wahrscheinlich das Hin- und Herschwingen der Waag bzw. die dabei verursachten Geräusche (das Ticken).

Die ersten tragbaren Uhren hatten walzen- oder dosenförmige Bronzegehäuse. Die Besitzer waren sehr stolz auf eine solche Uhr und trugen sie an einem Band oder einer Kette an der Brust. Leider sind uns keine tragbaren Uhren aus der Hand von Peter Henlein erhalten geblieben.

Oft hört oder liest man die Behauptung, daß die ersten tragbaren Uhren in einen silbernen Bisamapfel eingebaut waren. Ich glaube aber, Bisamäpfel sind nur bei einigen wenigen Exemplaren als Gehäuse verwendet worden. In meinem Leben habe ich nur 2 Bisamäpfel gesehen, die als Uhrgehäuse dienten. In dem einen Gehäuse befand sich ein prachtvolles eisernes Werk. Das andere war ohne Werk, hatte aber oben ein Zifferblatt in typischer Nürnberger Art.

Vielleicht ist es noch von Interesse zu wissen, wozu die Bisamäpfel benutzt wurden. In der damaligen Zeit waren viele Menschen der Meinung, das Waschen oder gar das Baden sei unanständig. Wir können uns leicht vorstellen, welche Folgen eine solche Einstellung nach sich zog: Die betreffenden Menschen hatten einen unangenehmen Körpergeruch. Um dem entgegenzuwirken, trug man einen kleinen Bisamapfel am Gürtel. Darin verbarg sich ein Schwamm, der mit Moschus oder anderen starken Duftstoffen getränkt war und somit einen angenehmen Geruch um den Träger des Bisamapfels verbreitete.

Der Rat der Stadt Nürnberg benutzte die tragbaren Uhren als Geschenk für hohe Persönlichkeiten und als Anerkennung bei besonderen Verdiensten. So überreichte beispielsweise der Gesandte von Nürnberg, Graf zu Lombecke, nach dem Reichstag zu Worms 1521 Dr. Martin Luther eine silberne Halsuhr. In einem Brief an Friedrich Pistorius, Abt von St. Egydien, schrieb Dr. Martin Luther unter anderem, er fühle sich gezwungen, die Regeln und Gesetze der Mathematik zu studieren, damit er das Wesen der Uhr verstehe. Weiter schreibt er wörtlich: „Nie habe ich vorher Ähnliches gesehen oder beobachtet.“ Ein Jahr später erhielt der Beichtvater von Herzog Georg von Sachsen für seine Verdienste als Mitglied des Reichsregimentes der Stadt Nürnberg eine tragbare Uhr geschenkt.

1523 überreichte der Rat der Stadt Nürnberg Kaiser Karl V. (1500 ... 1558) eine Uhr. Bekannt war die große Liebhaberei des Kaisers für Uhren aller Art. Jede freie Minute beschäftigte er sich mit ihnen. Als er aus gesundheitlichen Gründen die Regentschaft niederlegte und als Mönch in das Hieronymiterkloster San Geronimo de Yuste in Spanien eintrat, nahm er von den Hofbediensteten nur seinen treuen Mechaniker und Uhrmacher Giovanni Torriano, den die Spanier meist Juanelo nannten, mit. Bis zu seinem Tod lebte der Kaisermönch in einem kleinen Haus im Klostergarten und widmete sich voll und ganz der Uhrmacherei.

Der Schreibmeister Johann Neudörfer (1497 ... 1563) berichtete 1547 in den „Nachrichten von den vornehmsten Künstlern und Werkleuten, so innerhalb hundert Jahren in Nürnberg gelebt haben“, daß Peter Henlein einer der Ersten gewesen sei, „welcher kleine Ührlein zu machen erfunden hat“. 1905 wurde „Dem großen Sohn der Stadt Nürnberg“ ein Denkmal gesetzt, gestiftet von der Stadt und dem Deutschen Uhrmacherbund.

Die Uhrmacher stellten bald fest, daß die Spindelhemmung für tragbare Uhren nicht besonders geeignet war. Die kleine Schwingung von nur $\frac{1}{3}$ Umgang der Spindel sowie die Rückführung des Zahnes an der Spindel beeinträchtigten die Ganggenauigkeit zu sehr und führten oft auch zu Gangstörungen. Viele Meister versuchten daher, neue Hemmungen zu erfinden, um damit die genannten Fehler zu beheben.

Der bekannte Londoner Uhrmacher *Thomas Tompion* (1638 ... 1713), der als Vater der englischen Uhrmacher angesehen werden kann, konstruierte 1693 eine Hemmung, die der von Clement für Pendeluhren konstruierten ähnlich ist. Die Spindel ersetzte Tompion durch ein längsseitig aufgeschnittenes Stahlrohr. Bei der Hinschwingung legt sich der Zahn des flachen Hemmungsrades an die Außenseite des

Zylinders, bei der Rückschwingung der Unruh fällt er an die Innenseite des Zylinders. Diese Erfindung ist unter dem Namen *Sautroghemmung* in die Geschichte eingegangen.

Tompions berühmter Lehrling *George Graham*, ebenfalls aus London, verbesserte 1718 die Sautroghemmung durch eigene Ideen ganz bedeutend. Er setzte auf das Hemmungsrad kleine Säulchen, die oben die Zähne trugen. Damit erhöhte Graham die Schwingungsweite der Unruh auf $^2/_3$ Umgang. Die von ihm erfundene Hemmung

Zylinderhemmung

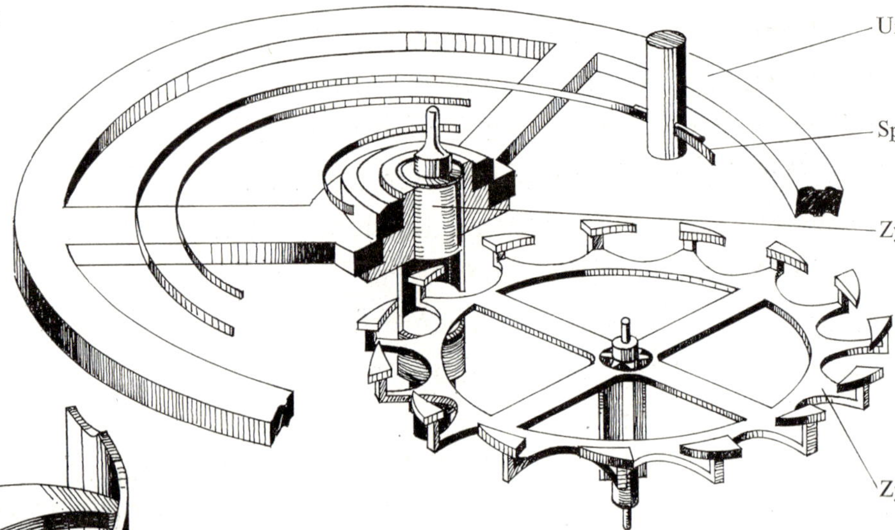

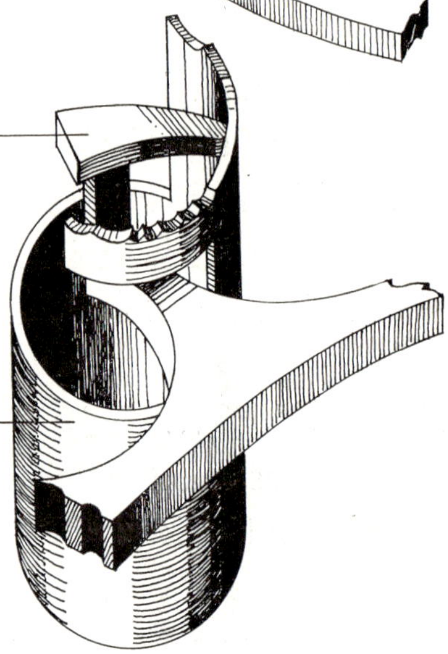

Detail der Zylinderhemmung

trägt den Namen *Zylinderhemmung*. Sie gehört zu den ruhereibenden Hemmungen. Die Reibung am Zylinder ist wesentlich kleiner als bei der Sautroghemmung. Deshalb kann mit der Zylinderhemmung auch eine höhere Ganggenauigkeit erreicht werden.

Das Hemmungsrad (Zylinderrad) wurde zunächst aus Bronze gefertigt. Es stellte sich aber bald heraus, daß sich die Zähne sehr schnell abnutzten. Auch der Zylinder wurde stark angegriffen. *Urban Jürgensen* (1776 ... 1830) aus Kopenhagen stellte 1805 das Zylinderrad aus Stahl her und beseitigte damit die erwähnten Nachteile der Zylinderhemmung. So konnte diese Hemmung ihren Siegeszug antreten. Bald hatte sie die Spindelhemmung verdrängt.

Eine weitere Verbesserung der Ganggenauigkeit konnte nur mit einer Hemmung erreicht werden, bei der die Unruh möglichst kurzzeitig mit dem Anker verbunden ist und möglichst lange frei schwingen kann. Das hatte auch der bekannte Meister *Thomas Mudge* (1715 ... 1794) aus London erkannt, der sich mit diesem Problem be-

Freie Ankerhemmung mit massivem Anker

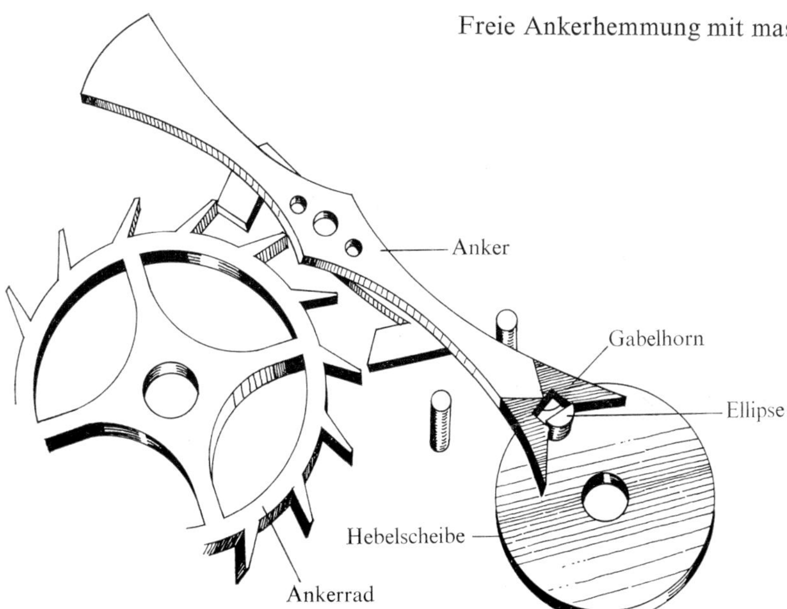

schäftigte. Er konstruierte deshalb für Taschenuhren eine Ankerhemmung, wobei er sich an der von George Graham für Großuhren entwickelten Hemmung orientierte. Der Anker erhielt eine Ankergabel. An der Welle der Unruh befestigte Mudge eine kleine Scheibe (Plateau) mit einem Stift, der bei jeder Schwingung der Unruh den Anker einen ganz kurzen Augenblick führte. Mudge erreichte damit 1757 die fast vollkommen frei schwingende Unruh, heute *freie Ankerhemmung* genannt.

Nach und nach wurde die freie Ankerhemmung weiter verbessert. Vor allem mußte der Einfluß der Temperatur auf die Ganggenauigkeit ausgeschaltet werden. Deshalb wurde der Reifen der Unruh aus unterschiedlichen Metallen gefertigt, deren Ausdehnungskoeffizienten den Temperatureinfluß kompensieren. Zusätzlich erhielt der Unruhreifen noch Temperaturschrauben. Besonderes Augenmerk galt auch der

Freie Ankerhemmung
mit Steinpaletten

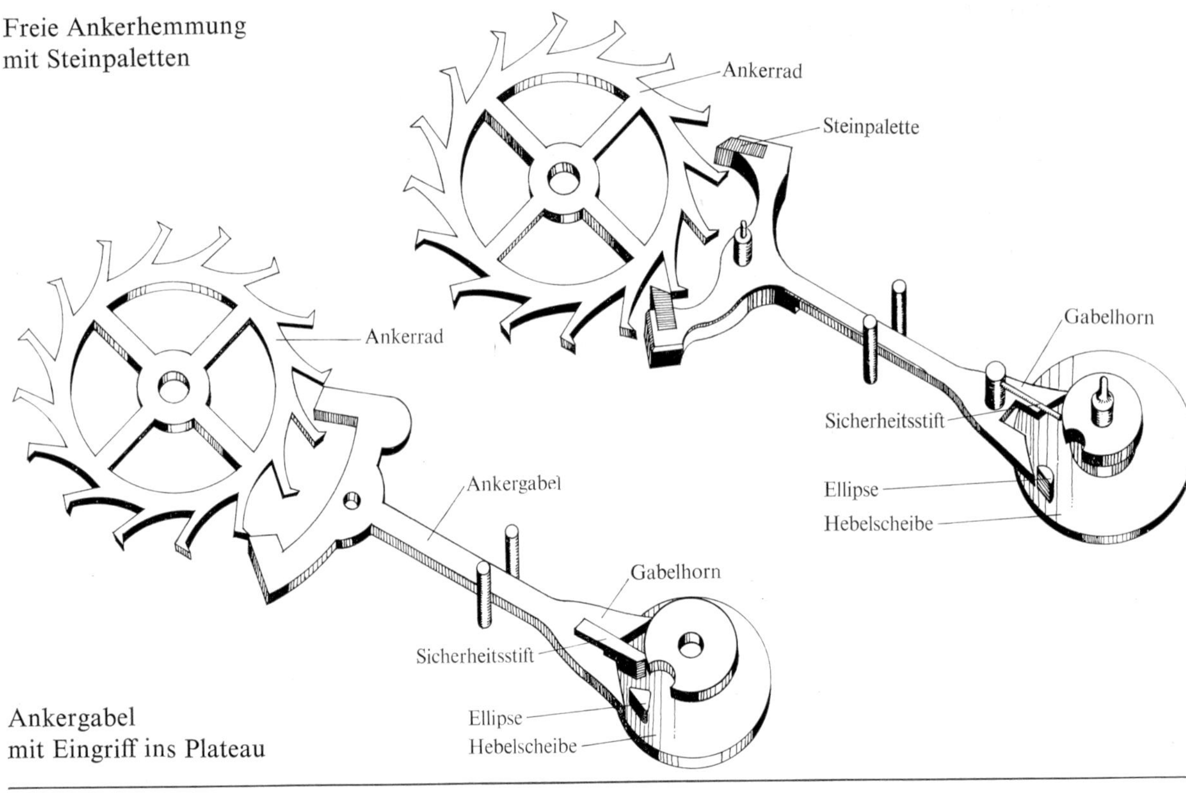

Ankergabel
mit Eingriff ins Plateau

Breguetspirale

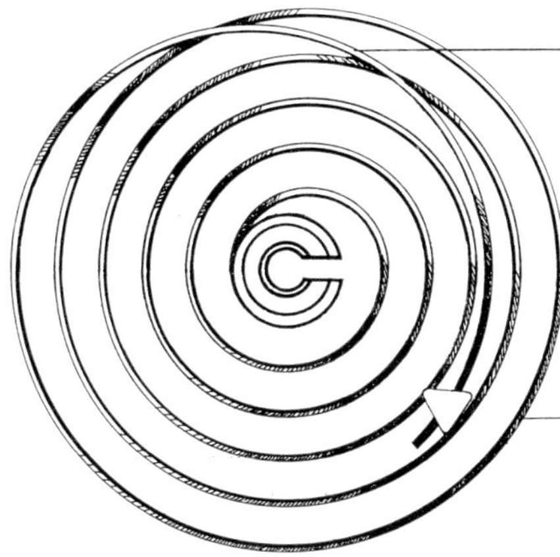

Spiralfeder. Hier war der hervorragende Meister *Abraham Louis Breguet* (1747 bis 1823) aus Paris bahnbrechend. Er erfand 1800 die nach ihm benannte *Breguetspirale*, mit der er die Ganggenauigkeit wesentlich verbessern konnte.

Wir können heute feststellen, daß die Entwicklung der Taschenuhren enorme Fortschritte gemacht hat. Uhrenfabriken bauten um 1900 Taschenuhren mit erstklassigen Gangleistungen. Erwähnen möchte ich hier bekannte Firmen wie *Omega*, *Longin* und *IWC Schaffhausen*. In Glashütte war es *Adolf Ferdinand Lange* (1815 bis 1875), der die Glashütter Uhrenindustrie begründete. Die von ihm gebauten Taschenuhren waren infolge eigener Konstruktionen und großer Qualität bald in aller Welt gefragt.

7. Arten und Formen der tragbaren Uhr

7.1. Walzenförmige Halsuhren

Man könnte es beinahe als eine Kuriosität betrachten, daß die frühen tragbaren Uhren in einem walzenförmigen Gehäuse eingebaut sind. Der Durchmesser des Zifferblattes beträgt 45 mm bis 70 mm. Man kann sich leicht vorstellen, daß die Uhr auf Grund der Körperbewegungen nicht ruhig an der Brust des Trägers liegt.

Die ersten Werke sind aus Eisen hergestellt. Die Zugfeder liegt offen zwischen den Werkpfeilern. Die Waag erhält den Rückschwung durch die freistehende Borste. Der Zeiger steht frei und ohne Schutz über dem Zifferblatt, das mit Tastknöpfchen am Rand versehen ist. So kann auch nachts die Zeit „gefühlt" werden. Fast alle süddeutschen Uhren haben zwei Zahlenreihen: außen von 1 bis 12 und innen von 13 bis 24. Die Zifferblattmitte ist mit einer Windrose oder einer Sterngravur verschönt. Das Gehäuse der frühen Uhren besteht aus vergoldetem Messing. Die Gangzeit dieser Uhren liegt zwischen 30 und 40 Stunden.

Ab 1550 wurden die Radzapfenlager in den eisernen Werkplatinen mit einem Messingfutter versehen. Der Zeiger erhielt einen Schutzdeckel, der durchbrochen gearbeitet ist. So kann die Zeit abgelesen werden, ohne daß der Schutzdeckel geöffnet werden muß. Das Gehäuse ist aus Bronzeguß.

7.2. Eiförmige Halsuhren

Langsam hatte sich die Kleinuhrmacherei entwickelt. Die Herren Bürgermeister trugen walzenförmige Halsuhren, um den Reichtum und Wohlstand ihrer Stadt zu demonstrieren. Ab 1560 bauten die Meister die Uhren eiförmig; denn diese Gehäuseform lag ruhiger am Körper. Auch die Frauen wollten sich nun mit Uhren schmükken. Das dürfte wohl der Grund dafür gewesen sein, daß man nach 1600 die Gehäuse aus Edelmetall herstellte und sie mit echten Steinen besetzte. Dabei wurde auch die Ovalform immer mehr verändert. Man baute Uhren mit achteckigen, kreuz- und kugelförmigen sowie totenkopfförmigen Gehäusen. So ist es nicht verwunderlich, daß in der Aufstellung der Schätze von Gabrielle d'Estrées, der Geliebten König Heinrich IV. von Frankreich, 1599 auch eine prächtige goldene Uhr erwähnt wird, an deren mit Diamanten besetztem Gehäuse eine große birnenförmige Perle hing.

Um die Zeiger zu schützen, wurde das Zifferblatt mit einem geschliffenen Bergkristall bedeckt. Bei eckigen Uhren arbeitete man auch in die Seitenflächen des Gehäuses Scheiben aus Bergkristall ein, damit die Funktion des Werkes gesehen werden konnte.

7.3. Die Zwiebel

Um 1660 kam bei den vornehmen Herren eine Uhr mit recht eigenartiger Gehäuseform in Mode. Man trug diese Uhr am Gürtel. Da sie fast kugelförmig war, wurde sie im Volksmund „Zwiebel“ (oignon) genannt. Die ersten Uhren haben noch Einzeigerwerke, auch haben sie kein Schutzglas. Die Herstellung eines genügend festen Glases bereitete nämlich damals große Schwierigkeiten, mußte doch beim Aufziehen der Uhr immer das Schutzglas geöffnet werden. Beim Zudrücken des Glasrandes konnte das relativ spröde Glas leicht zerspringen. Die Meister schafften hier Abhilfe, indem sie einfach an der Stelle des Aufzuges ein Loch in das Glas bohrten. Nun war es nicht mehr notwendig, das Schutzglas zu öffnen, wenn man die Uhr aufziehen wollte.

Die Werke der Zwiebeln sind außergewöhnlich hoch gebaut. Die Höhe zwischen den Werkpfeilern liegt bei 12 mm bis 14 mm. Fast die ganze hintere Platine ist mit schönen Brücken und Kloben bedeckt, wobei besonders die französischen Meister ihr Können zeigten.

Um 1690 hielt der Minutenzeiger Einzug am Zifferblatt. Ab 1700 wurden die Uhren auch mit Weckwerk und Stundenschlagwerk versehen, wofür eine kleine Bronzeglocke verwendet wurde. Damit man den Schall besser hören konnte, war der Mittelteil des Gehäuses durchbrochen gearbeitet. Es entstanden schöne Verzierungsarbeiten mit Blumen- und Blattranken. Besonderen Wert legten die Meister darauf, daß jedes Muster nur einmal hergestellt wurde. Den Werdegang der Fertigung kann man an einer unvollendeten Bronzeuhr genau ablesen: zunächst wurde das Muster auf das Gehäusemittelteil graviert. Anschließend bohrte man Löcher in die Zwischenräume des Musters. Von diesen Löchern ausgehend, mußte das Muster dann mit einem Stahl ausgestochen werden, da noch keine Stahlsägen vorhanden waren. Dieser Arbeitsgang erforderte das ganze Geschick des Meisters.

1674 verbesserte *Christian Huygens* die Ganggenauigkeit durch Einführung der Unruh-Spiralfeder recht beträchtlich. Bereits gegen Ende des 17. Jahrhunderts setzte sie sich verstärkt in den Taschenuhren durch. Es stellte sich aber ein Übel ein: Neugierige Laien betrachteten auch die Werke. Dabei sahen sie unter der lustig hin- und herschwingenden Unruh die feine Spiralfeder liegen. Ein Haar wurde vermutet, und schon wurde die Feder mit einer Nadel herausgerissen. Die Meister begannen deshalb, Unruh und Spirale besonders zu schützen, indem sie eine kleine Emailplatte auf die Brücke bzw. auf den Kloben legten. Damit bekamen die Emailmaler ein weiteres Betätigungsfeld. Auf den Emailbildern sind meistens Damenporträts zu sehen, da die Uhren, wie schon erwähnt, in erster Linie von Herren getragen wurden. Um die Wirkung des Bildes noch zu erhöhen, brachte man am Unruhreifen einen kleinen Stern an, der auf diese Weise über dem Kopf der abgebildeten Dame hin- und herschwingt.

7.4. Emailuhren

Emailarbeiten waren bei vielen Kulturvölkern bereits vor 3000 bis 4000 Jahren bekannt. Die Handwerker verschönten damit Krüge, Teller, Schüsseln und Humpen. Um 1630 ging man dazu über, auch emaillierte Uhrgehäuse mit Emailmalereien zu versehen. Nur langsam und vorsichtig tasteten sich die Handwerker an die neue Aufgabe heran. Aber bald waren die Anfangsschwierigkeiten überwunden, und es entstanden hervorragende Kunstwerke. Von den Pionieren der Emailmalerei möchte ich den Genfer *Jean Toutins* (1578 ... 1644) und dessen Sohn *Henry Toutins* (1614 bis 1683) nennen, die sich in Châteaudun niedergelassen hatten. Zu den bedeutendsten Emailmalern gehört *Pierre Huaut* (1635 ... 1680), auch ein Genfer. Er hatte 3 Söhne, die sich ebenfalls der Emailmalerei widmeten.

Von der Hand der genannten Emailmaler stammen Werke, die zu den schönsten Arbeiten dieser Kunst gehören. Kein Wunder, daß Emailuhren bei Sammlern und Kunstkennern schon immer sehr begehrt waren. Der bekannte Sammler Herr Marfels hatte eine einmalige Sammlung der wohl schönsten Emailuhren aus der Zeit von 1650 bis 1700 zusammengetragen. Leider mußte die herrliche Sammlung während der Inflation versteigert werden, so daß sie in alle Welt verstreut wurde.

Um 1820 kam die Emailmalerei noch einmal zum Zug. Die Damenmode verlangte nach kleinen Uhren mit den verschiedensten Gehäuseformen, die als Anhänger getragen wurden. Auf diese Weise entstanden Anhänger in der Form von Harfen, Mandolinen, Insekten, Muscheln u. a., in deren Innern sich jeweils eine Uhr verbarg. Auch der Ideenreichtum der Emailmaler trug dazu bei, daß diese kleinen Kunstwerke heute gesuchte Sammlerstücke sind.

7.5. Die Marineuhr

Schon vor Tausenden von Jahren betrieben die Völker die Schiffahrt. Man richtete sich dabei nach dem Lauf der Sonne oder nach dem Stand der Gestirne. Jede Fahrt bedeutete ein neues Abenteuer, unter anderem deshalb, weil eine genaue Standortbestimmung auf hoher See nicht möglich war. Im Laufe der Zeit beschäftigten sich verschiedene große Gelehrte mit diesem Problem. So lehrte Hipparches v. Nicäa um 150 v. u. Z., wie mit Hilfe des von ihm zusammengestellten Fixsternverzeichnisses eine Ortsbestimmung auf hoher See möglich sei. Dabei benutzte er astronomische Ereignisse wie Sonnenfinsternisse und Sternbedeckungen durch den Mond. Berücksichtigen wir allerdings Witterungsbedingungen wie Nebel, Regen oder Sturm, so dürfte klar sein, daß eine genaue Ortsbestimmung mit diesen Mitteln noch nicht möglich war.

Erst im 16. Jahrhundert kam man in dieser Frage einen Schritt weiter. Als Kolumbus 1493/94 nach Jamaika segelte, ließ die Genauigkeit der Standortbestimmung noch viel zu wünschen übrig, obwohl ihm die Zeitpunkte von einer Mondfinsternis und von anderen astronomischen Ereignissen bekannt waren. 1510 machte der Portugiese Alonso de Santa Cruz aus Sagres, der die von Heinrich d. Seefahrer gegründete Seeakademie besucht hatte, als einer der ersten den Vorschlag, zur Feststellung des Längengrades eine Uhr zu benutzen. Reynier Gemma Frisius aus Antwerpen (1508 ... 1555) erarbeitete 1530 die theoretischen Grundlagen für die Bestimmung der geographischen Länge mit einer Uhr.

Die von den Seeleuten mitgeführten Gewichtsuhren konnten für eine Standortberechnung allerdings nicht verwendet werden. Dazu waren sie viel zu ungenau. Der Polarforscher Wilhelm Barents (1550 ... 1597) ließ deshalb seine Gewichtsuhr in einem Lager auf Nowaja Semlja liegen, wo sie dann 1871 wieder aufgefunden wurde.

Um 1600 erkannten die Regierungen der seefahrenden Länder immer mehr die Wichtigkeit des Längengradproblems. Nur eine Uhr mit hoher Ganggenauigkeit

Oben: Zwiebel, 1640   unten links: Zwiebel, 1660   unten rechts: Zwiebel, 1690   Spindelhemmung

Oben: Emailuhren, 1820 unten: Emailuhr, 1770 Spindelhemmung

Chronometer, 1835 Chronometerhemmung, Auf- und Abwerk, kardanische Aufhängung, signiert „Litherland Davise C. Liverpool“

Wecker, 1880   Rollenankerhemmung, zündet selbsttätig Kerze an

konnte die Lösung bringen. Die Regierungen setzten deshalb hohe Preise für den Bau einer solchen Uhr aus. So stellte König Philipp II. von Spanien eine bedeutende Summe in Aussicht. Die Generalstaaten der Niederlande sicherten eine Unterstützung von 100000 Gulden zu. König Ludwig XIV. von Frankreich förderte ebenfalls entsprechende Forschungen durch große Geldbeträge. 1714 beschloß das englische Parlament, demjenigen den nachfolgend genannten Geldbetrag auszuzahlen, der auf einer Fahrt von England nach Westindien (d.h. Amerika) die Längengrade mit einer vorgegebenen Genauigkeit bestimmen kann:

10000 Pfund bei einer Abweichung von 1 Längengrad
15000 Pfund bei einer Abweichung von $^2/_3$ Längengrad
20000 Pfund bei einer Abweichung von $^1/_2$ Längengrad

Das war für die damalige Zeit eine ungeheure Summe. Deshalb entstand ein harter Kampf zwischen den Anhängern der Ortsbestimmung mit Hilfe der Astronomie und den Anhängern der neuen, noch nicht bewiesenen Methode mittels einer Uhr. In London wurde eine eigene Kommission für das Längengradproblem (Longitudinalboard) gegründet, die sich mit den eingehenden Vorschlägen zu beschäftigen hatte. Berühmte Chronometermacher und Astronomen arbeiteten darin mit. Es ist wohl kein Wunder, daß sich in der Folgezeit viele befähigte Fachleute mit dem Längengradproblem beschäftigen. Der hohe Preis war einfach verlockend. Es dauerte aber noch 51 Jahre, bis die vom englischen Parlament festgelegten Bedingungen erfüllt werden konnten.

Lassen Sie mich an dieser Stelle etwas über den Lebensweg des Mannes berichten, der nicht nur England, sondern der gesammten Menschheit mit seiner Arbeit einen großen Dienst erwiesen hat: *John Harrison* (1693 … 1776). Er war der Sohn eines Zimmermannes und wurde in Foulby unweit von Wakefield in der Grafschaft Yorkshire geboren. Wenige Jahre nach seiner Geburt übersiedelten die Eltern nach Barrow-on-Humber in der Grafschaft Lincolnshire. Bei seinem Vater erlernte er das

Zimmerer- und Tischlerhandwerk. In seiner Freizeit beschäftigte sich Harrison aber mit dem Bau von Uhren. 1728 siedelte er nach London über, wo er auch eine eigene Werkstatt hatte. Harrison verschrieb sich ganz dem Bau von Seeuhren. Hierbei stand ihm der berühmte Meister *George Graham* nicht nur fachlich zur Seite, sondern gab ihm darüber hinaus uneigennützig finanzielle Hilfe.

1735 war Harrisons erste Seeuhr, die H 1 („Time-keeper No. 1"), fertig. Es war eine große, 54 cm hohe Uhr. Die Prüfungsfahrt mit der Esmeralda von Spithed nach Lissabon und zurück ergab einen Fehler von 4 Minuten 30 Sekunden. Damit hatte Harrison die festgelegten Bedingungen nicht erfüllt. Unverdrossen baute er die H 2. Die Uhr war zum Teil aus Holz und hatte eine Höhe von 66 cm. Die Prüfungsfahrt war aber 1739 ebenfalls nicht erfolgreich. 1760 hatte Harrison eine weitere Uhr fertig. Bei dieser H 3 genannten Uhr sollte die Verwendung von Bimetall eine bessere Temperaturkompensation erreichen. Aber auch damit war ihm kein Erfolg beschieden. Durch die Fehlschläge erkannte Harrison, jedoch, daß er bei der Konstruktion der Uhr einen anderen Weg gehen mußte. So begann er 1759 mit dem Bau von H 4. Der Durchmesser dieser Uhr betrug nur 132 mm. Am 18. November 1761 wurde die H 4 auf die Deptford gebracht, die nach Port Royal auf Jamaika in See stach. An Bord befand sich auch Harrisons Sohn William. Es wurde für die Seefahrt eine historische Fahrt, da die H 4 den Beweis erbrachte, daß der Standort auf hoher See mit einer Uhr sehr genau bestimmt werden kann.

Am 6. Dezember des gleichen Jahres ergab die übliche Berechnung, daß sich das Schiff bei 13° 50′ westlicher Länge von Greenwich unweit von der Insel Madeira befand. Die Berechnung nach der Uhr ergab jedoch 15° 19′, was einen weitaus geringeren Abstand des Schiffes zur Insel bedeutete. Die Seeleute lachten und erklärten die Berechnung Harrisons für falsch. Da aber Harrison hartnäckig behauptete, daß Madeira schon am nächsten Morgen gesichtet würde, ließ der Kapitän den Kurs dorthin legen. Tatsächlich sichtete man um 7^{30} Uhr zur Überraschung der Seeleute die Insel. Die Rückreise erfolgte auf der Merlin bei schwerstem Seegang. Trotzdem betrug die Abweichung bei der Ankunft des Schiffes in England nur 65 Sekunden. Die Gegner erkannten das Ergebnis aber nicht an und stellten weitere Bedingungen. Deshalb fertigte John Harrison unter anderem eine Niederschrift seiner Konstruktion an („Principles of time-keeper"). Als Anerkennung erhielt er von der Kommission für das Längengradproblem zunächst 5000 Pfund zugesprochen.

Harrison ließ aber nicht locker. Sein Sohn führte eine zweite Prüfungsfahrt an Bord des Kriegsschiffes Tartar durch, die am 28. März 1764 begann. Am 23. Mai ankerte das Schiff im Hafen von Barbados. Der Fehler betrug nur 39 Sekunden, obwohl das Kriegsschiff 46 Tage unterwegs gewesen war. Die Rückreise fand vom 4. bis 18. Juni auf der Elisabeth statt. Bei der Ankunft des Schiffes in England betrug die Gesamtabweichung nur 54 Sekunden. Mit diesem Ergebnis errang Harrison den Preis von 20000 Pfund. Das Parlament zögerte allerdings mit der Auszahlung. Sie wurde erst 1773 von König und Parlament angeordnet. Doch unabhängig davon hatte Harrison einen unschätzbaren Sieg errungen. Mit seiner H 4 entschied er den Kampf zwischen Astronomie und Chronometrie zugunsten der Zeitmesser. Der Historiker Mallet vertrat sogar die Auffassung, daß Harrisons Chronometer England für 150 Jahre die Vorrangstellung in der Seefahrt gesichert hat.

Am 24. März 1776 verstarb Harrison in dem hohen Alter von 83 Jahren. Unter großer Anteilnahme aller Schichten der Bevölkerung wurde er auf dem Friedhof von Hampstead beigesetzt. Seine Arbeiten sind heute in dem unweit des Nullmeridianhauses gelegenen Schiffahrtsmuseum in Greenwich ausgestellt.

Wie ist das von Harrison erreichte Ergebnis nun aus heutiger Sicht zu werten? Was hat es der Seefahrt gebracht? Vergleichen wir einmal die erreichbare Genauigkeit der Standortbestimmung, so sehen wir die Entwicklung am besten:

im Altertum	180 ... 200 km
im 16. Jahrhundert	130 ... 180 km
1761 mit Harrisons H 4	30 ... 50 km
heute mit einer Quarzuhr	5 km

Um die Zeitmessung auf hoher See zu vereinheitlichen und zu vereinfachen, beschloß 1844 ein internationaler Kongreß in Washington, als Universalzeit die am Nullmeridian in Greenwich gültige Zeit (mean time) anzuerkennen.

Ein Zeitvergleich der an Bord befindlichen Chronometer mit der Universalzeit konnte lange Zeit nur im Hafen durchgeführt werden. Punkt 12^{00} Uhr Ortszeit wurde dazu ein Böller abgeschossen. Das war aber keine befriedigende Lösung, da die Zündung nur ungenau erfolgte. Auch bei Verwendung von Nebelhörnern traten zu große Verzögerungen ein.

1833 wurden die ersten der sogenannten Zeitbälle eingeführt. An einer vom ganzen Hafen aus gut sichtbaren Stelle errichtete man einen 8 m bis 10 m hohen Mast, an dem ein aus Weidengeflecht bestehender Ball von 1 m bis 1,5 m Durchmesser aufgezogen wurde. Genau um 12^{00} Uhr Ortszeit fiel der Ball herunter und die Zeit konnte verglichen werden. Dieses Spiel wiederholte sich nochmals um 12^{00} Uhr nach der Universalzeit, also der Zeit von Greenwich. Nach und nach wurden solche Zeitbälle

Chronometerhemmung

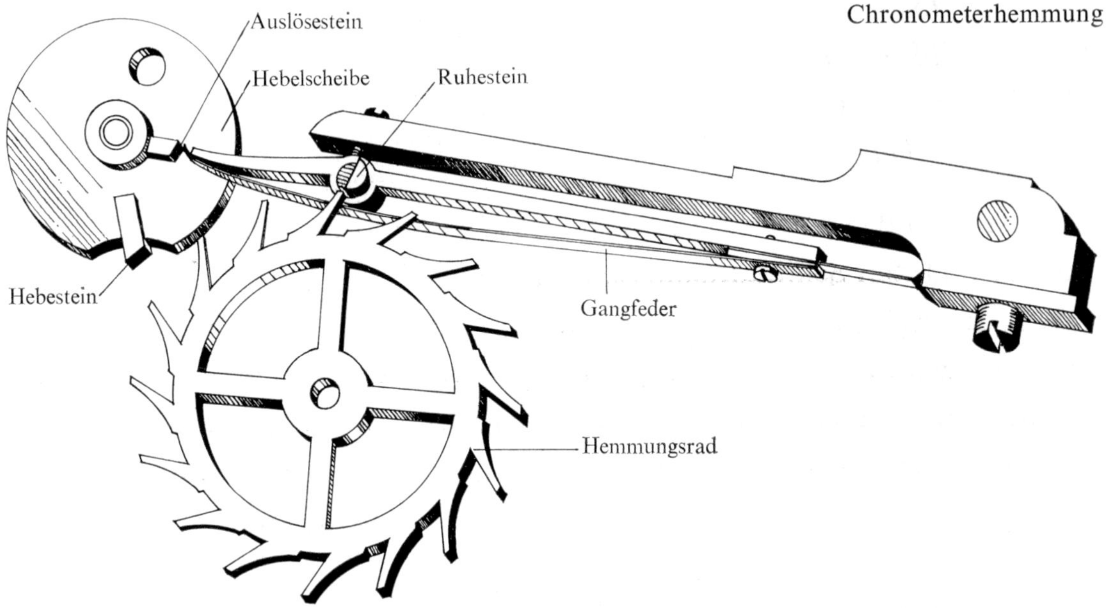

in fast allen großen Hafenanlagen der Welt eingeführt. Diese Form des Zeitvergleichs wurde erst durch die modernen Funkanlagen abgelöst.

Die endgültige Form der *Chronometerhemmung* wurde nicht allein von einem Meister erfunden. Sie entwickelte sich in der Zeit von 1750 bis 1800. Die Grundidee der Verbesserung dürfte wohl dem Pariser *Pierre le Roy* (1717 ... 1785) zuzuschreiben sein. Jedoch haben viele bekannte Meister dessen Grundidee weiterentwickelt:

George Graham	1673 ... 1751	beriet Harrison
Ferdinand Berthoud	1727 ... 1807	verbesserte die Unruh
John Arnold	1736 ... 1799	verbesserte die Spirale
Abraham Breguet	1747 ... 1823	erfand die Breguetspirale
Thomas Earnshav	1749 ... 1829	verbesserte die Gangfeder
Louis Berthoud	1754 ... 1813	verbesserte die Wippe
Urban Jürgensen	1776 ... 1830	stellte Chronometer mit doppeltem Hemmungsrad her
Eduard John Dent	1790 ... 1853	unternahm Versuche mit Glasspiralen
Georg Biddell Airy	1801 ... 1892	erkannte den Einfluß des Magnetismus
Jules Jürgensen	1808 ... 1877	verbesserte die Zapfenlager
Paul Ditisheim	1868 ... 1945	untersuchte den Einfluß des Luftdruckes

Aber auch das Können der vielen Meister, die technisch vollendete Chronometer bauten und darum den Ehrentitel „Chronometermacher“ führen durften, verdient Bewunderung und Anerkennung. Die Chronometerhemmung gehört zu den freien Hemmungen mit direktem Antrieb der Unruh bei jeder zweiten Halbschwingung. Sie ist einfach, übersichtlich und klar im Aufbau. Die Chronometerhemmung besteht im wesentlichen aus der Unruh, dem Ruhestück und dem Hemmungsrad.

Die Chronometerhemmung hat den großen Vorteil, daß die Unruh im Verlauf einer ganzen Schwingung nur dreimal ganz kurz im Eingriff steht. Sie hat allerdings auch einige Nachteile, die ebenfalls nicht unerwähnt bleiben sollen:

- Das Chronometer läuft beim Aufziehen nicht von selbst an.
- Bei starkem Stoß ist ein „Galoppieren“ möglich.
- Es kann auch passieren, daß das Hemmungsrad um mehr als einen Zahn weiterspringt.

Die Chronometerhemmung ist also gegenüber Erschütterungen sehr empfindlich. Deshalb wird sie gegenwärtig nur für Schiffschronometer verwendet. Ob schon John Harrison die kardanische Aufhängung, eine Erfindung des Italieners Giordano Cardano (1501 ... 1576), angewandt hat, ist nicht bekannt. Durch diese Aufhängungsvorrichtung werden die Schwankungen des Schiffes ausgeglichen, so daß das Chronometer immer eine horizontale Lage beibehält.

7.6. Kuriositäten unter den Zeitmessern

Viele Menschen kaufen sich nicht nur deshalb eine Uhr, um ständig die genaue Zeit erfahren zu können, sondern sie wollen mit der Uhr auch ihren Wohlstand und Reichtum zeigen. Das ist heute nicht anders als vor 100 Jahren. Die Meister kamen den Wünschen ihrer Kunden gern entgegen und bauten Uhren, die eigentlich als Kuriositäten zu betrachten sind.

- Die Uhr in der Schnupftabakdose

Zur Zeit Friedrich d. Großen gehörte das Schnupfen zur Leidenschaft der begüterten Kreise. Selbstverständlich benötigte man für den Schnupftabak eine geeignete Dose. Silber und Gold waren als Material dafür gerade gut genug. Meist wurden die Dosen zusätzlich mit Emailarbeiten verschönt. Um den Wert der Schnupftabakdosen noch weiter zu erhöhen, baute man kleine Uhren ein, wobei auch der Uhrschlüssel einen würdigen Platz fand.

- Eine Uhr mit Würfelspiel

Die Landsknechte widmeten sich in ihrer Freizeit oft leidenschaftlich dem Würfelspiel. Auch hier waren findige Meister zur Stelle und bauten in eine Uhr ein Würfelspiel ein. Im Oberteil des Ziffernblattes befinden sich 3 Fenster. Drückt man auf den Bügelknopf, erscheinen sofort 3 Würfelzahlen. Infolge einer vielfachen Übersetzung ist es nicht möglich, die Würfelzahlen vorauszuahnen.

- Das Thermometer in der Taschenuhr

Ein besonderes Rätsel wird es wohl bleiben, weshalb in einige Taschenuhren ein Thermometer eingebaut wurde. Von diesen Uhren kann man zwar außer Stunde, Minute und Sekunde auch noch die Temperatur in Reaumur ablesen, es dürfte sich dabei aber wohl weniger um die Raumtemperatur als vielmehr um die Körpertemperatur handeln.

- Die Marschuhr (Taschenmetronom)

Kaiser Wilhelm I. führte in Preußen den sogenannten Stechschritt ein. Im Zusammenhang damit mußte manches Hindernis überwunden werden. So mußte der Pauker der Regimentskapelle das neue Marschtempo 14 genau vorgeben; denn nur mit diesem Tempo konnte der Parademarsch durchgeführt werden. Als der Pauker einmal das Marschtempo nicht richtig wählte, endete der Vorbeimarsch unter den Linden mit einem Fiasko – und das bei Anwesenheit eines hohen Gastes! Der Pauker bestellte daraufhin eine sogenannte Marschuhr, die das Tempo 14 mit einem Glokkenzeichen angeben sollte. Eine solche Uhr wurde gebaut. Ihr Zifferblatt ist in 8 Temposchritte eingeteilt. Die geraden Zahlen sind den Schritten des rechten Fußes zugeordnet. Bei den ungeraden Zahlen, die den Schritten des linken Fußes zugeordnet sind, erklingt jeweils ein Glockenzeichen. Der Pauker trug die Marschuhr in der Brusttasche seines Waffenrockes. Jetzt war es für ihn kein Problem mehr, das Marschtempo vorzugeben, und Preußens Gloria war gerettet.

- Wecker, die eine Kerze anzünden

Die Nutzung des elektrischen Lichtes verbreitete sich nur sehr langsam. Vor allem die etwas abseits gelegenen Bauernhöfe konnten nur nach und nach an das Leitungsnetz angeschlossen werden. Und gerade hier mußte meist schon in finsterer Nacht aufgestanden werden; denn das Vieh war zu versorgen, bevor die Feldarbeit begann. Deshalb ist es wohl verständlich, daß mit dem Weckruf des Weckers nicht gleich der volle Arbeitselan vorhanden war. Noch halb verschlafen tastete man nach den Streichhölzern, um die Petroleumlampe anzuzünden. Auch hier kamen die Uhrmacher den Menschen zu Hilfe. Um das Aufstehen zu erleichtern, bauten sie einen Wecker, der den Schläfer nicht nur durch sein Klingeln aus dem Schlaf weckte, sondern noch zusätzlich eine Kerze anzündete.

- Der Augendreher

An einer besonderen Spielerei erfreuen sich die Menschen bis in unsere heutige Zeit. An den Uhrgehäusen befinden sich oft figürliche Darstellungen von Menschen und Tieren, entweder als kleine Plastik aus Bronze oder Holz oder als Gemälde. Bei den Bilderrahmenuhren finden wir beispielsweise oft das Kopfbildnis einer bekannten Persönlichkeit. Die Augen dieser Figuren sind mit dem schwingenden Pendel bzw. der Unruh verbunden und bewegen sich hin und her. Es ist schwer zu sagen, ob die Figuren damit lebendiger wirken oder ob andere Gründe diese Spielerei so beliebt machten und machen. Noch heute werden jedenfalls Wecker und Armbanduhren als Augendreher hergestellt.

- Die Uhr im Spazierstock

In der Biedermeierzeit promenierten die jungen Herren gern auf dem Boulevard der Stadt. Zur modischen Kleidung gehörte unbedingt ein Spazierstock. Natürlich wollte man auffallen und bewundert werden. So ließ man sich in das Rohr des Stockes eine Uhr einbauen, die oben am Knauf aufgezogen werden konnte. Dabei ist es interessant, daß alle Lager der Hemmung bis zum Sekundenrad eine Stoßsicherung hatten. War der Stock einmal umgefallen, trat nur sehr selten eine Störung im Räderwerk auf.

8. Ein Zeitalter geht zu Ende

Wissenschaft, Raumfahrt, ja fast die gesamte moderne Technik erfordern heute eine immer genauere Zeitmessung. Schon allein im Sport entscheiden Hundertstelsekunden über Sieg und Niederlage. Die mechanische Uhr kann aber aus physikalisch-technischen Gründen nicht weiter verbessert werden. Die exakte Messung extrem kurzer Zeitspannen wie auch die Messung großer Zeitspannen mit einer enorm hohen Genauigkeit sind nur mit Hilfe der Elektronik möglich. Dazu kommt, daß sich elektronische Uhren in zunehmendem Maße billiger herstellen lassen als gleichwertige mechanische Uhren. Mit der Elektronik beginnt deshalb ein neuer Abschnitt in der Geschichte der Zeitmesser. Das Zeitalter der Räderuhr nähert sich seinem Ende. Mechanische Uhren werden bald nur noch in Museen und Sammlungen zu sehen sein. Dort werden sie weiterhin von der Handwerkskunst und dem erstaunlichen Können der Meister vergangener Jahrhunderte künden, die vielfach Pioniere ihrer Zeit waren.

9. Chronologische Übersicht zur Geschichte der Räderuhr

1288 Die Westminster Hall in London wird mit der ersten öffentlichen Stadtuhr versehen.

1306 Die Stadt Mailand erhält ihre erste Turmuhr.

1344 *Jacopo Dondi* setzt am Palast zu Padua seine Uhr in Gang.

1354 Die erste Uhr des Straßburger Münsters wird fertiggestellt.

1364 *Giovanni Dondi* vollendet seine erste Uhr mit Planetenwerk.

1389 *Johann de Felains* baut in eine Turmuhr ein Viertelschlagwerk ein.

1459 *Johann de Lychourg* stellt wahrscheinlich die erste Uhr mit Federaufzug her.

1481 Die Stadt Aalst in Flandern erhält ein Glockenspiel.

1510 *Peter Henlein* aus Nürnberg fertigt tragbare Uhren.

1520 Die ersten horizontalen Tischuhren werden gebaut.

1540 Die ersten feuervergoldeten Türmchenuhren werden hergestellt.

1545 In Paris wird die erste Uhrmacherzunft gegründet.

1550 Eiförmige Halsuhren kommen in Mode. Der Datumzeiger erscheint auf Taschenuhren. Taschenuhrgehäuse werden mit Bergkristall verschönt.

1555 In Genf werden Taschenuhren mit beweglichen Figuren gebaut.

1574 *Isaak Habrecht* baut die zweite Straßburger Uhr.

1575 Es werden Taschenuhren mit Wecker hergestellt.

1580 Taschenuhren in Kreuzform werden angefertigt. Besondere Verdienste erwirbt sich der Meister *Conrad* aus Straßburg.

Die ersten Telleruhren mit getriebenem Zifferblatt kommen aus Augsburg. Sie sind die Vorläufer unserer heutigen Küchenuhren.

1583 *Galileo Galilei* entdeckt die Schwingungsgleichheit des Pendels.

1600 *Henry Ester* aus Augsburg baut Taschenuhren mit Schlagwerk. Die Gehäuse haben einen durchbrochenen Mittelrand.

Paul Home liefert Uhren, deren Gehäuse die Gestalt eines Totenkopfes haben.

1610 Das Zifferblatt von Taschenuhren wird durch eine Glasscheibe geschützt.

1630 Taschenuhren erhalten eine bunte Emailmalerei.

Es werden Uhren hergestellt, die am Finger zu tragen sind.

1641 *Vincenzo Galilei* baut eine Pendeluhr, die jedoch nicht funktioniert.

1642 *Schirlei de Rheita* fertigt eine Uhr mit Schraubengetriebe.

1650 Erstmals werden Uhren mit einer Gangzeit von 1 Jahr hergestellt.

1656 *Christian Huygens* baut die erste funktionstüchtige Pendeluhr in Haag.

1657 *Christian Huygens* verwendet Pendel, deren Schwerpunkte beim Schwingen eine Zykloide beschreiben (Zykloidenpendel).

1658 *Dr. Robert Hooke* konstruiert eine rückführende Ankerhemmung.

Die Gebrüder *Campani* aus Rom bauen Nachtuhren.

1659 *Dr. Robert Hooke* baut eine Doppelpendeluhr.

1664 Die Kette findet Verwendung in Taschenuhren. Hierbei erwirbt sich der Meister *Gzuet* aus Genf besondere Verdienste.

1671 *William Clement* aus London baut Großuhren mit rückführender Hemmung nach der Idee von *Dr. Robert Hooke*.

1674 Spiralfedern werden in Taschenuhren mit Spindelhemmung eingebaut.

1676 *Edward Barlow* und *Daniel Quare* erfinden gleichzeitig einen Repetiermechanismus.

Den Patentprozeß gewinnt *Quare*, weil sein Mechanismus einfacher zu handhaben ist.

1690 *Jakob Enderlein* baut Taschenuhren mit einer Gangzeit von 8 Tagen.

Daniel Johann Richard gründet in La Chaux-de-Fonds die Schweizer Uhrmacherei.

1693 *Thomas Tompion* erfindet die Sautroghemmung.

1700 Handgetriebene Uhrgehäuse werden hergestellt. Besondere Verdienste erwirbt sich *Nicolaus Fatio* aus Genf. Dieser Meister durchbohrt auch erstmals Rubine, die er als Steinlager verwendet.

1704 *Pierre Debaufre* stellt seinen ersten Steinzylinder her.

1710 Gehäuseböden von Achat und Halbedelsteinen finden Verwendung.

1715 Bilderrahmenuhren werden gebaut. Verdient macht sich der Meister *Friedrich Hirt*.

George Graham erfindet die ruhende Ankerhemmung.

1718 *George Graham* erfindet die Zylinderhemmung.

1720 In Frankreich werden Wandkonsoluhren hergestellt.

Abbé d'Hautefeuille aus Orléans erfindet die Rechenankerhemmung.

1724 *Jean Baptiste Dutertre* erfindet die Duplexhemmung.

1726 Die Gebrüder *Harrison* erfinden das Rostkompensationspendel.

George Graham entwickelt das Quecksilber-Kompensations-Pendel.

1735 *John Harrison* bringt das Gegengesperr für Großuhren heraus und stellt seine erste Seeuhr her.

Die ersten Cartelluhren kommen aus Frankreich.

1736 *Franz Ketterer* baut die erste Kuckucksuhr.

1739 *John Harrison* vollendet seine zweite Seeuhr.

1740 Die vierfarbigen Golduhren (quatre couleurs) kommen in Mode.

1741 *Amant* erfindet die Stiftenhemmung für Großuhren.

1750 Die ersten Sägeuhren kommen auf den Markt.

Mathias Hummel baut im Schwarzwald Taschenuhren aus Holz.

1751 *Jean André Lepaute* fertigt Pendulen mit nur einem Rad.

1755 *Jean Romilly* baut Taschenuhren mit Sekundenpendel.

1757 *Thomas Mudge* erfindet die freie Ankerhemmung.

1760 *Pierre Jacquet-Droz* aus La Chaux-de-Fonds baut prachtvolle Figuren- und Automatenuhren.

John Harrison vollendet seine dritte Seeuhr.

Uhrgehäuse werden mit Fischhaut (Gatto) überzogen.

Im Schweizer Jura werden die ersten Uhren mit feuervergoldetem Gehäuse hergestellt.

1762 *John Harrison* gewinnt mit seiner vierten Seeuhr den großen englischen Staatspreis.

1764 *John Arnold* stellt eine Uhr mit Zylinderhemmung her, deren Zylinder aus einem Rubin gefertigt ist.

1766 *Pierre le Roy* verbessert die Kompensationsunruh.

1768 *Jacques Frederic Houriet* bringt in Le Locle die Spiralfeder mit zylindrischer Endkurve heraus.

1769 *Pierre le Roy* stellt eine Seeuhr mit Chronometerhemmung her.

1770 *Philipp Matthäus Hahn* baut astronomische Kunstuhren.

Jean Antoine Lepine fertigt Taschenuhren mit Brückenwerk.

1772 *John Arnold* bringt eine zweiarmige Unruh mit Regulierschrauben heraus.

1776 *Frederic Japy* aus Beaucourt stellt in seiner Fabrik die ersten Rohwerke her.

1777 *Jean Pouzait* erfindet die springende Sekunde (Sekunde Morte).

1780 Goldene Gehäuse werden mit echten Perlen verziert.

1781 *Ferdinand Berthoud* entdeckt den sekundären Kompensationsfehler.

1790 Taschenuhren mit Glockenschläger werden hergestellt.

Johann Gottfried Prasse aus Zittau baut eine Turmuhr in horizontaler Bauweise.

1798 *L. Perron* aus Besancon konstruiert eine Stiftenhemmung für Taschenuhren, die ab 1867 von *Roßkopf* verwendet wird.

Bilderuhren mit Gemälden auf Blech oder Leinwand kommen in Mode.

1800 *Abraham Louis Breguet* erfindet die Breguetspirale.
In Genf werden Taschenuhren mit Musikwerk hergestellt.
Die Tonfeder löst in Taschenuhren die Schlagglocke ab.
Modeuhren werden gebaut, die mit Harfen, Muscheln oder Blumen verziert sind.

1801 *Abraham Louis Breguet* erfindet den Tourbillon mit Antrieb vom Sekundenrad.

1810 *Urban Jürgensen* aus Kopenhagen baut prächtige Taschenchronometer.

1812 *Edward Massey* fertigt einen Kronenaufzug, der durch Auf- und Niederschieben der Krone betrieben wird.

1820 Stoppuhren mit getrenntem Sekundenwerk werden gebaut.

1825 *Pierre Frederic Ingold* aus La Chaux-de-Fonds erfindet die Ingoldfräse.
Brocot erfindet die Brocothemmung.

1828 *F. Schade* stellt eine Uhr mit Helikoidenverzahnung her.

1830 *Jean Paul Guerlin* aus Berlin baut flache Taleruhren, meistens mit Zylinderhemmung.
Eduard John Dent aus London stellt Versuche mit Glasspiralen an.

1842 *Jean Baptiste Schwillgue* vollendet die dritte Straßburger Uhr.

1843 *Joseph Winnerl* aus Paris bringt den Doppelchronograph mit herzförmiger Rückstellung heraus.
Adrien Philippe aus Genf baut den ersten Kronenaufzug.

1844 *Ferdinand Leonhard* aus Berlin versieht die ruhende Hemmung mit verschiebbaren Paletten.

1845 *Adolf Ferdinand Lange* gründet die Uhrenfabrik in Glashütte.

1850 *Henri Piguet* fertigt Chronographen mit Null-Rückstellung.

1868 *Joseph Winnerl* konstruiert die erste Pendeluhr mit elektrischer Kontaktgebung.

1878 *Matthius Hipp* baut elektrisch gesteuerte Präzisionsuhren.
In Glashütte wird die Deutsche Uhrmacherschule gegründet.

1880 *Von Loehr* aus Wien bringt eine Taschenuhr mit Selbstaufzug heraus.
Kirsch u. Co. stellt kleine Knopflochuhren her.

1885 *Bonniksen* baut Karusselluhren mit Antrieb vom Kleinbodenrad.

1900 *Dr. Paul Berner* verbessert das Invarpendel.

1903 *Bernhard Hiller* stellt in Berlin Uhren her, die viertelstündlich die Zeit ansagen.

1905 Armbanduhren erscheinen auf dem Markt.
In den USA wird in Washington das erste Zeitsignal gesendet.

1911 *Gustav Ferrie* baut den Rundfunksender am Eifelturm, der ab 1. Mai das Zeitzeichen für Europa sendet.

1912 Radium-Leuchtzifferblätter finden bei Armbanduhren Verwendung.

1933 *Scheibe* und *Adelsberger* aus Berlin konstruieren die ersten Quarzuhren mit elektrischem Antrieb.

10. Literaturverzeichnis

Abeler: 5000 Jahre Zeitmessung. Wuppertal: Uhrenmuseum Abeler, 1976
Bassermann-Jordan E.v.: Alte Uhren und ihre Meister. Leipzig: Verlag Diebener, 1926
Beckmann, Johann: Erfindungen. Leipzig: Verlag Kummer, 1782
Bergen, Philipp: Uhren. Verlag Lemgo, 1763
Brown, Isaak: Uhrmacherkunst. Leipzig: Verlag Basse, 1831
Chapuis, A.: Urbain Jürgensen et ses continuateurs. Neuchâtel: Verlag Paul Attinger, 1900
Fleet, Simon: Uhren. Frankfurt a.M.: Ariel Verlag, 1976
Gelcich, Eugen: Geschichte der Uhrmacherkunst. Leipzig: Verlag Hartlebens, 1892
Grosch, Hermann: Der Uhrmacher. Weimar: Verlag Voigt, 1879
Grossmann, Moritz: Lehrbuch der Uhrmacherei. Glashütte: Selbstverlag, 1878
Grossmann, Moritz: Der freie Ankergang. Bautzen: Rühls Verlag, 1893
Grossmann, Moritz: Regulieren der Uhren. Bautzen: Verlag Hübener, 1897
Hederich, Benjamin: Mathem. Wissenschaften. Wittenberg: Verlag Zimmermann, 1728
Hillmann, Bruno: Der Zylindergang. Leipzig: Verlag Diebener, 1904
Kistner, Adolf: Die Schwarzwälder Uhr. Karlsruhe: Verlag Müller, 1926
Lunardi: 900 Jahre Nürnberger Uhren. Stuttgart: Verlag Braumüller, 1974
Martinello v. Szoleto: Abhandlung über Wasseruhren. Venedig, 1663
Paris, E. Caspari: Chronometer und nautische Instrumente. Bautzen: Rühls Verlag, 1890
Saunier, Claudius: Geschichte der Zeitmeßkunst von den ältesten Zeiten bis zur Gegenwart. Bautzen: Verlag Hübener, 1903
Stengel, Johann Petersen: Gnomonica – Sonnenuhren. Ulm: Verlag Wagner, 1679
Wolf: Uhren. Magdeburg: Verlag Renger, 1718